KB078830

숨은 좋은 땅 찾기 프로젝트

현 디벨로퍼가 말하는

기획설계 노하우

| 개정 2판 |

숨은 좋은 땅 찾기 프로젝트

현 디벨로퍼가 말하는 기획설계 노하우

이해운 지음

건축을 한다는 것은 매우 많은 요소들이 모여
하나의 그림을 완성한다는 점에서 퍼즐을 맞추는 것과 비슷하다.

좋은땅

개정 2판을 내며

초판에 이어 1차 개정판을 낸 지도 3년 이상이 된 것 같다. 본 2차 개정판에서는 데이터센터의 기획검토(면적, 인허가사항 등) 시 도움이 될 내용을 추가하였으며, 수립 예정인 2030 서울시 도시환경정비기본계획의 주요 변화내용 등 일부 법개정 사항을 반영하였다.

좋은 땅을 찾기란 여전히 독자들뿐만 아니라 저자에게도 매운 어려운 일이다. 법과 제도의 빠른 변화뿐만 아니라, 다양한 상품의 등장과 예기치 못한 시장의 변화, 민원의 변수 등 고려해야 할 것이 증가하였다. 그러나 힘들수록 가장 빠른 길은 정도의 길임을 상기했으면 한다.

본 책을 참조로 하는 디벨로퍼 중에서도 설계와 인허가 담당분야에 계신 분들의 파이팅을 염원한다.

/ 목차 /

CHAPTER 1.

국토이용계획의 법체계

우리나라는 국토의 종합적이고 균형적인 발전을 위하여 국토이용에 관한 법체계를 갖추고 있다. 지금부터 검토하게 될 다수의 사례에서 나오는 용적률, 건폐율 등 여러 가지 규제사항들의 등장배경이 되는 큰 법의 흐름을 개략적으로나마 이해하는 것은 많은 도움이 된다.

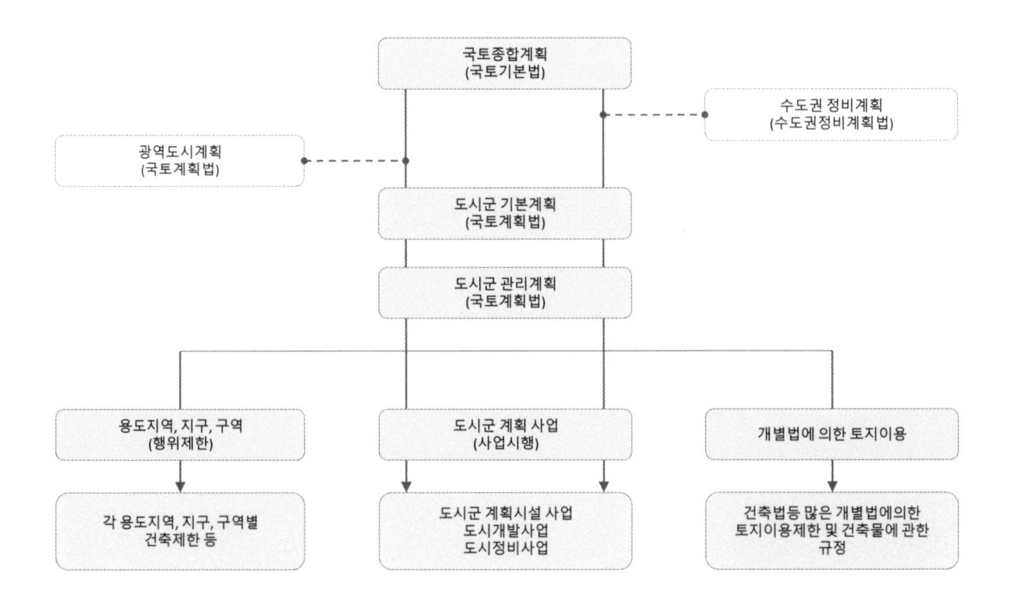

국토계획법은 국토기본법에 대하여 하위법적인 성격을 지니나 다른 법률에 대해서는 상위 또는 일반법적 성격을 지닌다. 따라서 이 법에 의한 도 · 시 · 군 계획은 특별시, 광역시, 시 또는 군의 관할구역에서 수립되는 다른 법률에 의한 이용개발 및 보전에 관한 계획의 기본이 됨을 알아두자.

이러한 법체계 하에서 아래와 같이 우리가 실질적으로 규제사항을 받게 되는 용도지역 구분과 건축물의 밀도 기준이 수립되는 것이다(서울시 예시).

용도지역				건폐율		용적률	
				국토 계획법	시행령 서울시 조례	국토 계획법	시행령 서울시 조례
도시지역	주거지역	전용 주거지역	제1종전용주거지역	70%	50% 50%	500%	50%~100% 100%
			제2종전용주거지역		50% 40%		100%~150% 120%
		일반 주거지역	제1종일반주거지역		60% 60%		100%~200% 150%
			제2종일반주거지역		60% 60%		150%~250% 200%
			제3종일반주거지역		50% 50%		200%~300% 250%
		준주거지역			70% 60%		200%~500% 400%
	상업지역	중심상업지역		90%	90% 60%	1500%	400%~1500% 1000%
		일반상업지역			80% 60%		300%~1300% 800%
		근린상업지역			70% 60%		200%~900% 600%
		유통상업지역			80% 60%		200%~1100% 600%
	공업지역	전용공업지역		70%	70% 60%	400%	150%~300% 200%
		일반공업지역			70% 60%		200%~350% 200%
		준공업지역			70% 60%		200%~400% 400%
	녹지지역	보전녹지지역		20%	20% 20%	100%	50%~80% 50%
		생산녹지지역			20% 20%		50%~100% 50%
		자연녹지지역			20% 20%		50%~100% 50%
관리지역	보전관리지역			20%	20%	80%	50%~80%
	생산관리지역			20%	20%	80%	50%~80%
	계획관리지역			40%	40%	100%	50%~100%
농림지역				20%	20%	80%	50%~80%
자연환경보전지역				20%	20%	80%	50%~80%

주 1) 서울시 사대문 내 상업지역의 용적률은 상기 기준에서 200% 감소

주 2) 법령 및 조례는 수시로 변동되기 때문에 법제처 내의 해당 법령 병행 확인 필요

CHAPTER 2.

준공업지역 지식산업센터 기획 사례

1. 대지 현황 분석

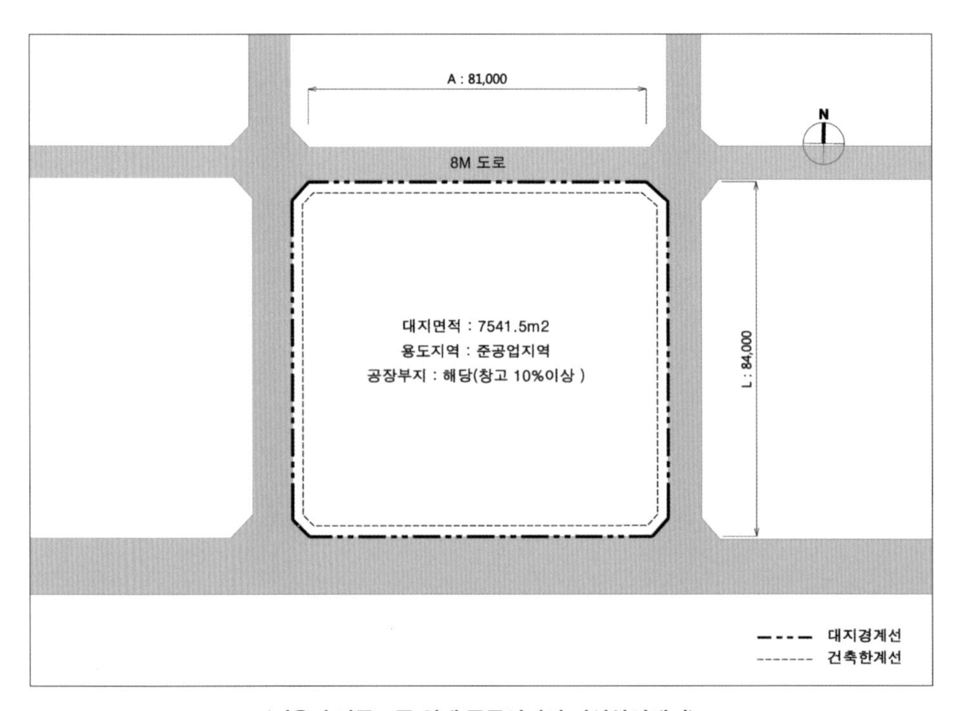

〈서울시 영등포구 일대 준공업지역 지식산업센터〉

국토계획법 등에 따른 지역지구: 준공업지역, 교육환경보호구역, 가로구역별 최고높이 제한지역, 과밀억제권역

지식산업센터란 일전 아파트형 공장의 요즘 말이다. 일단 준공업지역의 지식산업센터상품의 검토 시 우선 대지에서 Catch해야 할 정보는 대지를 둘러싼 도로 중에서 어느 도로가 전면도로인가에 대한 파악이다. 그 이유는 서울의 대부분의 준공업지역은 가로구역별 최고높이 제한구역이므로, 높이 기준 산정 시 전면도로 판정에 따른 여러 요소가 산식에 필요하기 때문이다. 지식산업센터용도로 계획 시 지금 현재 그 땅이 공장부지인지 아닌지는 확인하지 않아도 되나, 공동주택을 짓고자 한다면 매우 중요한 제약사항이 되기 때문에 함께 확인하는 것이 좋다.

2. 법규 검토

요즘 서울의 준공업지역은 단일 필지가 크고, 대지형상이 반듯하여 계획상 플러스 요소이다. 그리고 본 대지는 국가에서 준공업지역에 권장하는 용도인 지식산업센터 상품으로 계획하기 때문에 제약사항도 적다. 준공업지역에서 기본적으로 확인해야 할 주요 법규는 아래와 같다.

1) 규모 검토 시 확인 법규 및 주요 사항

(1) 도시계획 조례

건폐율, 용적률, 건축가능용도

(2) 건축법

건축물의 피난시설(피난 계단, 비상승강기 등), 대지 내 공지, 공개공지, 최고 높이

(3) 산업집적법

지식산업센터 지원시설 비율(산업단지 외 연면적의 30% 이내)

(4) 주차장 조례

주차 대수

2) 인허가기간 검토 시 확인 법규 및 주요 사항

(1) 서울시 교통영향분석 및 개선대책에 관한 조례

교통영향평가 심의

(2) 건축법

건축심의, 특수구조건축물 구조안전심의, 굴토심의

(3) 서울시 환경영향평가 조례

환경영향평가 해당 여부 확인(연면적 10만㎡ 이상)

(4) 자연재해대책법

사전재해영향성 검토 확인(대지면적 5천㎡ 이상, 공업지역 1만㎡ 이상)

(5) 서울시 빛공해 방지 및 좋은빛 형성 관련 조례

빛공해 심의(5층 이상)

(6) 경관법

경관심의(Brief Check 16층 이상 건축물, 중점경관관리구역 5층 이상 건축물)

(7) 교육환경보호에 관한 법률

교육환경평가(Brief Check 21층 이상 건축물, 주요 사항은 일조임), 상대보호구역 내 시설물 설치 및 영업제한(학교 200m 이내 숙박시설 건축 시)

(8) 지하안전관리에 관한 특별법

지하안전영향평가(소규모: 지하 10~20m 미만 / 정식: 지하 20m 이상)

(9) 지자체 조례에 의한 심의 또는 자문대상 확인

그 외에 공장이 있던 대지를 매수 시 토양환경보전법에 의거한 토양환경조사(의무 ×), 수도권 정비계획법에 의해 지원시설 중 업무시설면적에 따라 부과되는 과밀부담금 대상 여부 정도가 부가검토 사항이다.

도시계획 조례에 의해 건폐율 60%, 용적률 400%이 기본이며, 녹색 건축물 조성지원법 및 서울시 녹색건축물 설계 기준에 따라 기본용적률의 3~9%, 건축법에 따라 기본용적률의 20% 내에서 용적률을 추가로 완화받을 수 있다. 유의해야 할 점은 녹색건축물로 기본용적률의 9%를 받기 위해서는 녹색건축인증 최우수등급을 받아야 하기 때문에 기획규모 산정 시에는 3~6%를 반영한다.

지식산업센터용도로 건축 가능하며, 대지 내 공지는 건축선으로부터 1.5m, 인접대지경계선으로부터 1m 이상 이격해야 한다. 공개공지는 의무 대상이 아니며, 조경면적 15% 이상 조성해야 하는 것으로 예상된다. 주차 대수는 지식산업센터 시설면적 200㎡당 1대, 업무시설 100㎡당 1대, 근린생활시설 134㎡당 1대이다.

결론적으로, 해당 대지는 계획 시 용적률 480%(공개공지완화 포함, 녹색건축환화 시 추가 24% 가능)에 적용 높이 90m인 대지이다. 인허가는 건축심의, 교평심의, 경관 및 빛공해심의대상 건축물에 해당될 것으로 예상된다.

3. 가로구역별 건축물 높이 기준

1) 가로구역별 건축물의 높이 산식

기준높이(H): [전면도로너비(W)+평균종심길이(L)/2]×계수(α) ⇒ [8+84÷2]×1.5=75m

※ α: 도로 폭원별 높이 계수
- 도로폭원 4m 이하 시: 2.0 적용
- 도로폭원 4m 초과 8m 이하 시: 2-(w-4)/10 적용
- 도로폭원 8m 초과 시: 1.5 적용

여기에 공개공지 적용으로 공공성 확보 시 기준높이 완화를 20%까지 받을 수 있으니, 적용높이는 90m 높이완화를 20%까지 받을 수 있으니, 최대 적용높이는 90m가 된다.

2) 전면도로(A) 판정법

- 대상지가 2개 이상의 도로에 접하는 경우, 대지둘레 길이의 8분의 1 이상 접한 도로 중에서 가장 넓은 도로를 전면도로로 정한다. 다만, 2개 이상의 도로의 너비가 동일할 경우 그중 가장 많이 접한 도로를 전면도로로 본다.
- 대지둘레 길이의 8분의 1 이상 접한 도로가 없는 경우에는 가장 많이 접한 도

로를 전면도로로 하며, 접한 길이가 동일할 경우 가장 넓은 도로를 전면도로로 한다.

• 막다른 도로의 경우 전면도로는 막다른 도로의 폭으로 본다.

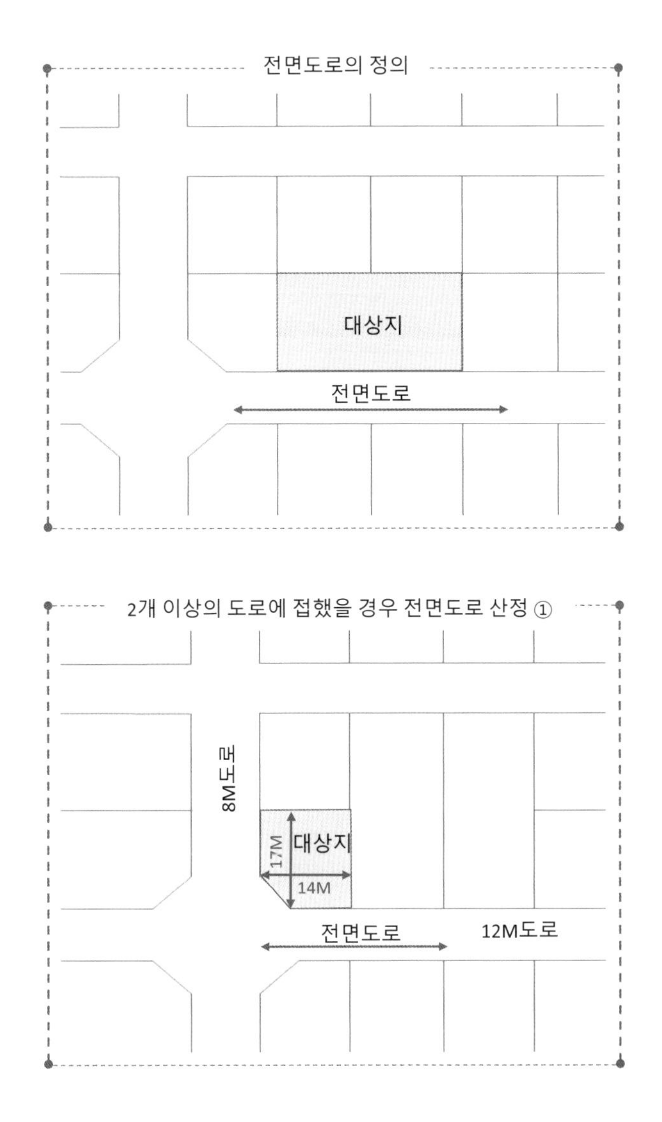

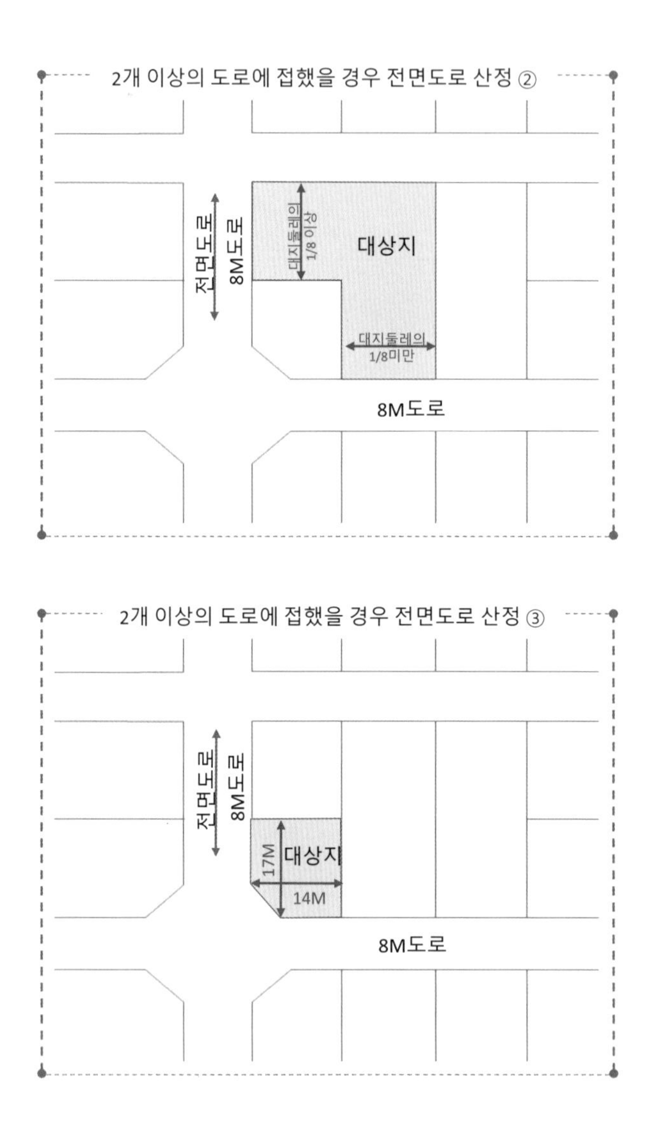
2개 이상의 도로에 접했을 경우 전면도로 산정 ②
전면도로
8M도로
대지둘레의 1/8 이상
대상지
대지둘레의 1/8미만
8M도로
2개 이상의 도로에 접했을 경우 전면도로 산정 ③
전면도로
8M도로
17M
대상지
14M
8M도로

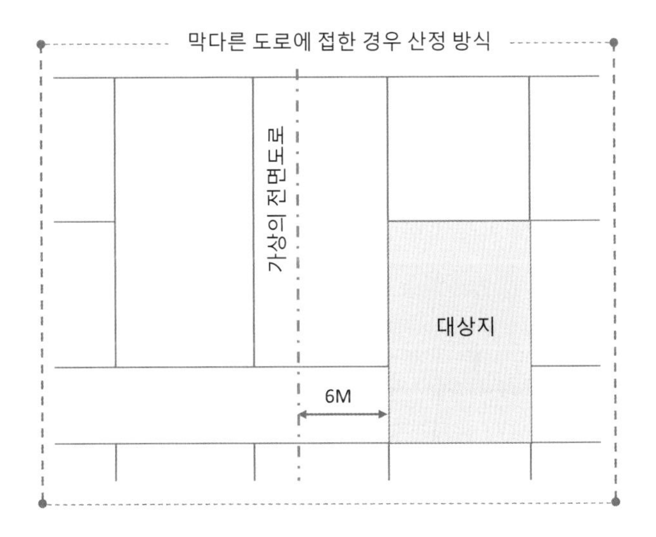
막다른 도로에 접한 경우 산정 방식
가상의 전면도로
대상지
6M

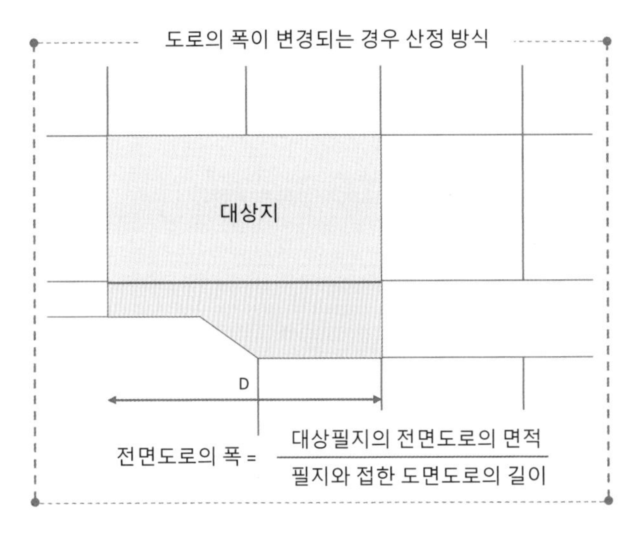
도로의 폭이 변경되는 경우 산정 방식
대상지
D
전면도로의 폭 = 대상필지의 전면도로의 면적 / 필지와 접한 도면도로의 길이

3) 평균종심길이(L)

- 평균 종심길이 산정은 같은 전면도로에 접하는 좌우 2개 대지 면적을 전면도로 길이로 나눈 값이다. 단, 대상지 좌 또는 우측에 2개 이상의 대지가 연접하지 않은 경우 연접한 대지까지만 대지깊이를 반영하여 적용한다.

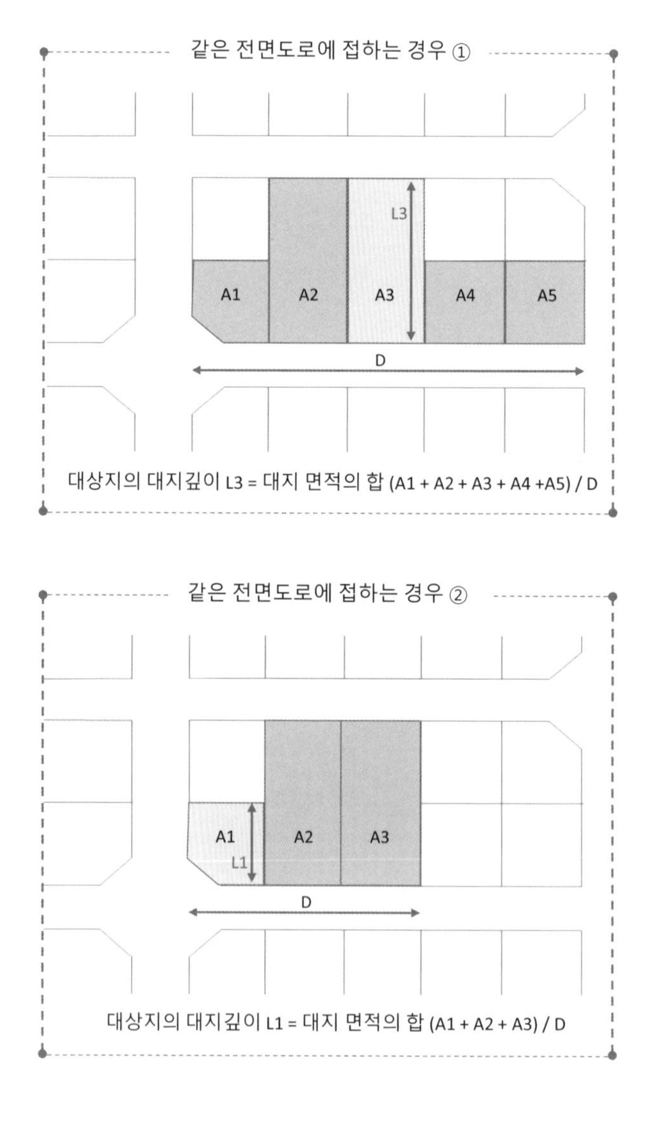

- 대지와 도로 사이에 완충녹지와 도로반대편에 공원, 광장, 하천, 철도, 녹지, 유수지, 자동차전용도로, 유원지, 공공공지(이하 '건축이 금지된 공지')가 해당 대지 전체 가로구역을 마주보고 있을 경우 전면도로의 너비에 포함한다. 단, 건축이 금지된 공지를 전면도로에 포함하여 산출한 기준높이가 그렇지 아니한 기준높이의 1.2배를 초과할 경우 건축위원회의 심의를 거쳐 결정한다.

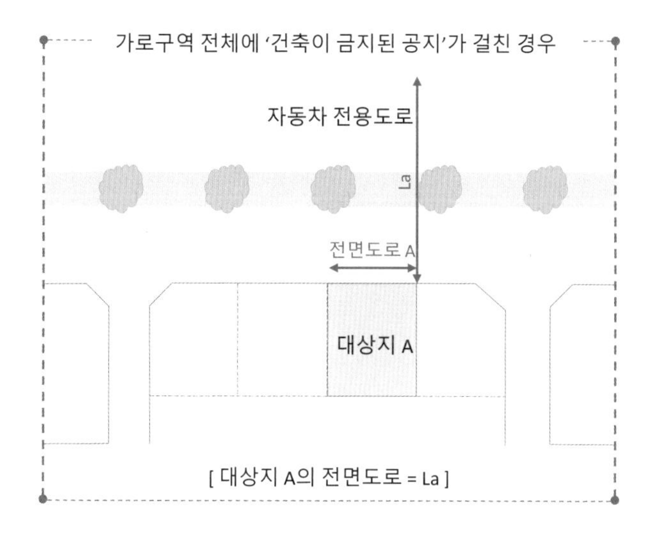

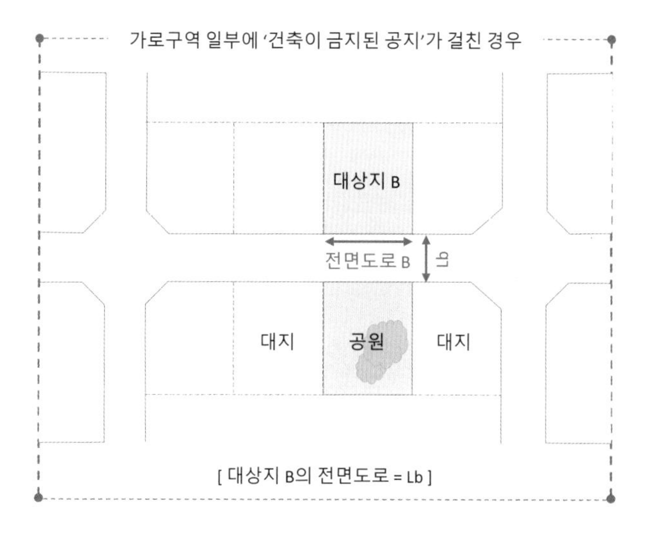

4) 넓은 도로와 좁은 도로가 앞뒤로 접한 대지의 기준높이 적용

대상지가 넓은 도로와 좁은 도로에 앞뒤로 접한 경우 넓은 도로의 수직방향으로 넓은 도로에 접한 길이(L)의 3배(3L) 이내에 한하여 넓은 도로를 전면도로로 산출한 기준높이를 적용한다. 그 외 부분은 좁은 도로를 전면도로로 산출한 기준높이를 적용한다.

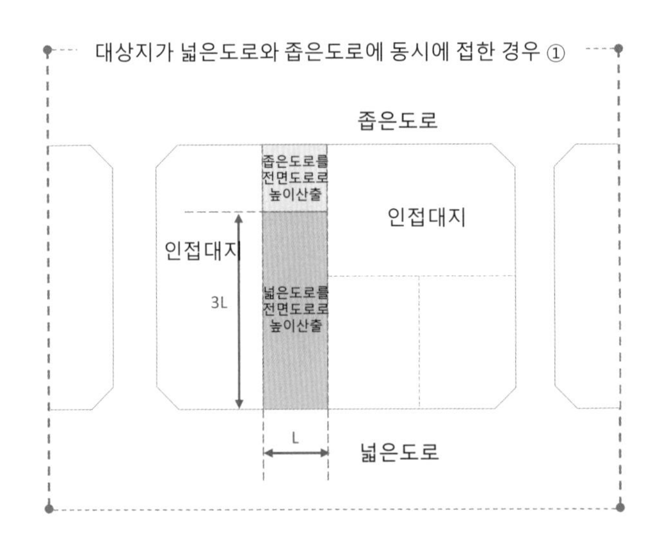

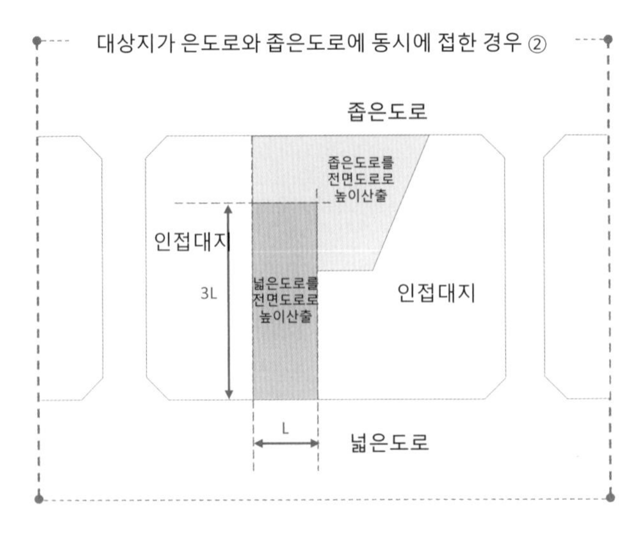

5) 평균 종심길이 산정 시 종심길이가 깊은 대규모(대상지 종심길이의 2배 이상) 대지가 인접하여 있을 경우

대상지의 평균 종심길이 산정 시 좌우 양옆 2대지 중 종심길이가 깊은 대규모 대지가 있을 경우 대상지 종심길이의 2배 이하 범위(전면도로 기준으로 대상지 종심길이 2배 이격)의 면적만 종심길이 산정 시 포함한다.

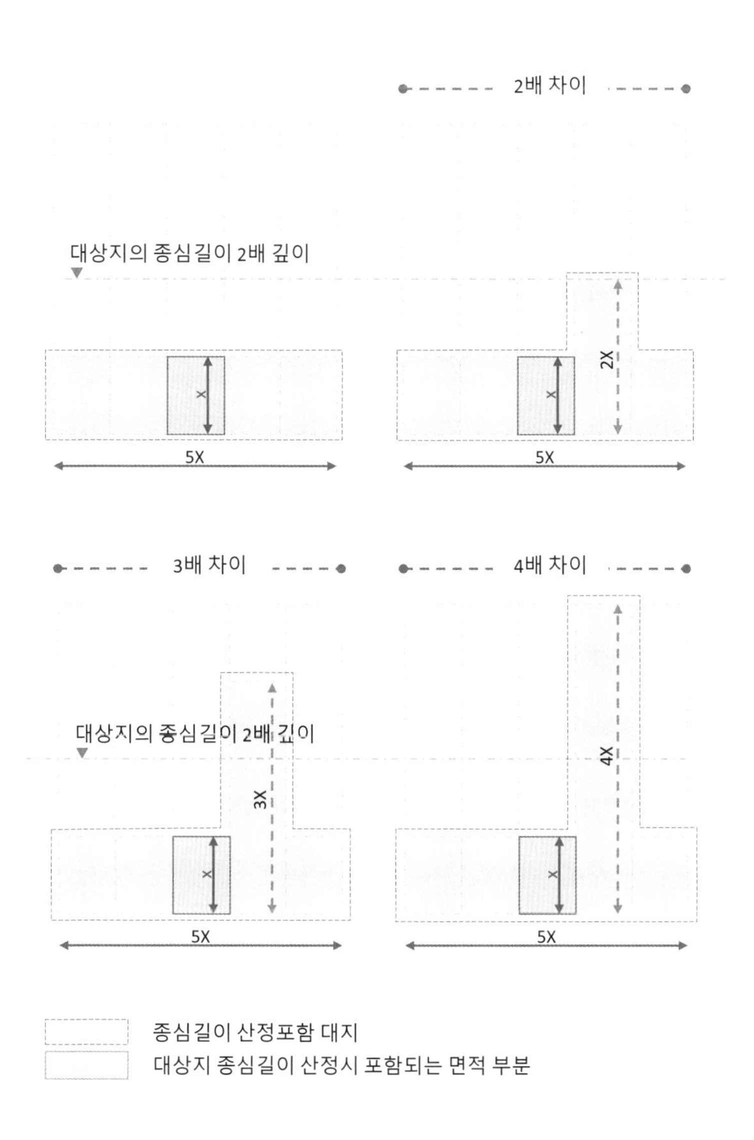

6) 공공성 확보 시 기준높이에 기준높이의 최대 0.2배 범위(기준완화높이)를 가산한 높이(적용높이)를 적용할 수 있다

공개공지, 지하공간 연결통로, 기부채납, 건축한계선, 조경면적 관련하여 일정 계획기준을 준수하면 기준높이 완화를 받을 수 있다. 단, 항목별로 지구단위계획 구역 안에서는 높이 완화와 용적률 완화의 중복 적용이 어려울 수 있으니 인허가 권자와 사전협의가 필요하다.

4. 인허가 기간

계획도서 작성(2~2.5개월) → 건축/교통심의 및 기본도서 작성(4~4.5개월) → 건축허가(2개월): Total 8~9개월

각종 평가 및 경관심의는 위 스케줄 기간 내에 수행 가능하므로 주요 일정을 형성하는 Critical Path는 건축 및 교통심의이다. 자치구 별로 건축과 교통을 같이 심의하는 구와 별개로 하는 구가 나누어져 있으므로 사전에 확인하는 것이 좋다. 착공신고 처리되기까지는 상기 일정에 1개월이 추가된다(시설공단의 안전관리계획서 심사 기간 고려).

환경영향평가 대상이 되는 연면적 10만㎡ 사업 규모는 드물지만, 만약 해당될 경우에는 환경영향 평가심의 기준에 의해 공사비 및 계획에 영향을 주는 설계 반영 사항(녹색건축 최우수, BEMS, EPI 90 이상 신재생 14% 이상 등)과 인허가 추가기간(6~7개월)이 발생되므로, 사업을 함에 있어서 환경영향평가의 대상 여부는 영향이 크다고 하겠다.

5. 계획 및 건축개요

이제 대지 상황과 법규를 확인하였으면 기획계획에 들어가면 된다. 사실 계획은 매우 주관적이다. 어느 사람이 보느냐에 따라 호불호가 다르다. 따라서 계획을 하기 전, 먼저 검토한 대지와 관련된 법규 분석사항의 적용에 실수가 없도록 노력하자. 만약, 용적률과 높이산정에서 오류 발생 시 사업뿐만 아니라, 회사라면 회사가 무너질 수도 있다.

1) 코어 구성

먼저, 코어 위치를 잡기 위해 일반 엘리베이터 대수를 계획하는데, 보통 법정 대수의 1.5배 내외 정도로 계획한다. 예를 들어 법정 대수가 4대라면 17인승 적용 시 같은 4대를 적용하여도 법정 대비 2배가 된다. 엘리베이터 홀의 폭은 3.5~4m 정도로 주거시설보다는 좀 더 넓게 고려한다. 법정 대수 외에 아래 승강기협회에서 시뮬레이션을 통한 승강기 산정 기준도 참고로 알아두자.

건물용도	5분간 수송능력(%)	평균대기시간 (초)	평균주행시간 (초)	비고
오피스(전용)	15-20	30	70	
오피스(임대)	11-15	30	70	
아파트	3-5	60	75	
호텔	10-15	40	70	
판매시설	5-7	40	50	

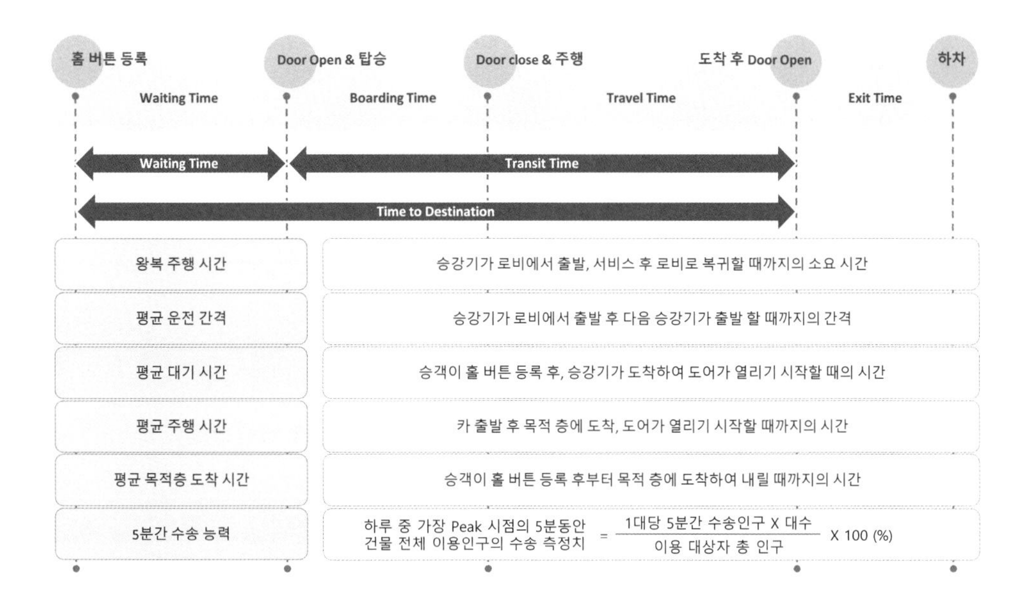

코어 구성에서 엘리베이터와 계단, 비상용 엘레베이터의 세팅이 중요하다. 계단은 일단 엘리베이터를 사이에 두고 일정 간격으로 배치하되 기본적으로 2개소이며 그 구조는 특별피난 계단의 구조를 갖추어야 한다. 추후 기준 층 배치가 완료되면 전용부 각 거실에서 피난 보행 거리 50m 이내에 들어오는지 반드시 확인이 필요하다. 마지막으로 비상용 엘리베이터 1기와 적정 규모의 남녀화장실을 배치한다.

화장실 크기에 있어서 법적 또는 계획론적 기준은 없다. 업무시설의 경우 개략 남녀 각 25~28㎡를 확보한다. 적정 화장실의 경우 큐비클 1칸의 Size가 1.6m×1.0m이며, 소변기 1칸의 폭은 1m 정도 되니 참고 바라며 좀 더 디테일한 기준을 알고 싶으면 미국 NSPC(National Standard Plumbing Code)를 찾아보기 바란다. 현대화된 공장의 화물 운반을 위해 화물용 엘리베이터를 추가로 고려하며, 코어 위치는 지하층 주차동선을 고려하여 적정 위치에 배치한다.

2) 상품 구성

지식산업센터의 지원시설인 업무시설과 근린생활시설은 산업단지 외의 지역에서 연면적의 30% 내로 구성한다. 보통 20% 중후반이며, 이는 사업성에 따라 증감될 수 있다. 이 구성비는 전체 규모 면적이 결정되면 층수 및 면적조정을 통해 적절히 조정한다.

(1) 지식산업센터에 공유오피스 용도 입주 가능 여부

가. 공장-산업단지: 공급 및 임대사업자에게 분양 가능 → 사업개시신고 → 입주계약(이때 임대사업계획서 공단승인 필요)

나. 공장-산업단지 외: 입주자 모집공고 시 시장, 군수, 구청장이 인정하는 사업이면 공급 및 임대 가능(분양승인)(영 36조의4 1항 2호 나목)

다. 지원시설: 입주기업이 생산, 사업을 지원하는 시설로서 구청장 모집공고승인을 받은 시설(법에 명기되지 않은 사업이므로)

공유오피스의 사업자가 부동산 임대 및 공급 관련 업태임을 가정할 시 부동산 공급 및 임대업종은 지식산업센터 입주업종은 아니니, 입주자 모집 승인권자가 지식산업센터 공장 또는 지원서실용도로 적합하다고 인정할 경우 가능하다.

건축법상 용도는 상기 입주 가능 용도에 맞는 용도를 도입하면 되고, 수분양자의 세제감면혜택에 제한이 있을 수 있으니 별도 확인이 필요하다.

(2) 기숙사 용도 도입 기준

가. 용도 도입 관련

산업집적법 시행령 제36조의4제2항은 산업단지 안 또는 밖의 지식산업센터에 입주업체 종업원의 복지증진을 위하여 기숙사를 설치할 수 있도록 규정하고 있으므로 지식산업센터 신축 시 지원시설용도로 기숙사의 설치가 가능하다.

나. 용적률 관련

산업집적법에 따른 지식산업센터 내 산업지원시설로서의 기숙사라면 이는 지식산업센터에 해당하는 것이므로 용적률은 400% 이하를 적용하여 건축할 수 있다. 다만, 서울시 준공업지역 내 산업부지에 설치할 수 있는 산업시설과 산업지원시설의 계획 범위는 도시계획조례 별표 2, 3호에 규정하고 있으며, 산업지원시설의 경우 산업집적법 제36조의4제2항에 따른 산업지원시설로서, 기숙사는 산업지원시설 바닥면적 합계의 3분의 1로 허용하고 있다.

3) 주동배치 및 지상층별 면적

코어 위치가 결정되면 피난 동선 거리 내에 들어올 수 있도록 전용 부위의 주동배치를 계획한다. 1~2층 부위는 지원시설을 배치하고 로비와 쾌적한 공간 구성이 중요하기 때문에 층 전용률을 55~60%로, 3층 이상부는 층 전용률 70% 전후로 구성한다. 이 비율은 어떻게 보면 결과이지만, 실제로 계획을 다 하고 나서 검산을 할 때 나름 유용한 도움이 된다.

층수계획에 있어서 법정높이가 여유가 있으면 그 부분을 활용하는 것이 좋다. 본대지는 높이보다는 용적률 제약이 큰 대지이므로 채광과 일조 면에서 유리하게 높이를 활용하자. 기준층 면적을 크게 하여 총 14층에서 계획이 마무리되었다면, 좀 더 슬림하게 하여 17~18층 정도로 구성되게 하는 것이 좋다. 층고는 3.9m 이상으로 하여 천정고는 2.7m 이상을 확보할 수 있게 한다.

4) 지하층별 면적

최근 주차장 조례가 개정(현재 확장형 주차구획 → 일반형주차구획)되어 40㎡당 1대 수준, 기계 · 전기실은 지상연면적의 보통 4~5% 수준으로 면적을 계획한다. 대지의 80~85%를 지하 1개 층 면적으로 보면 몇 개 층 정도 필요한지 규모가 나온다.

이제 최종 개요가 산정되었으면, 아마도 전체 전용률이 50% 전후로 형성되었을 것이다. 이보다 낮게 나왔다 하더라도 문제될 것은 없다. 아마도 그 건물은 고객 입장에서는 더 쾌적한 건축물일 것이다. 공용 부위를 최소화하고 전용 부위를 늘리느냐의 문제인데 이에 대한 정답은 없다. 위의 기준은 그래도 경험상 사업성과 상품 수준 사이에서 내가 찾은 해답 정도로 알아주었으면 한다.

계획 층수: 지하 4층, 지상 18층

상품 구성: 지하 주차장, 지상 1~5층 업무지원시설(근생/업무시설), 지상 6~18층 지식산업센터

상품 비율: 지식산업센터 75%, 업무시설 14%, 근린생활시설 11%

계획 용적률: 479%

계획 높이: 75m(1층 7.0m / 기준 층 4.0m)

계획 연면적: 60,488㎡(전체 연면적, 주차 법정의 170% 적용)

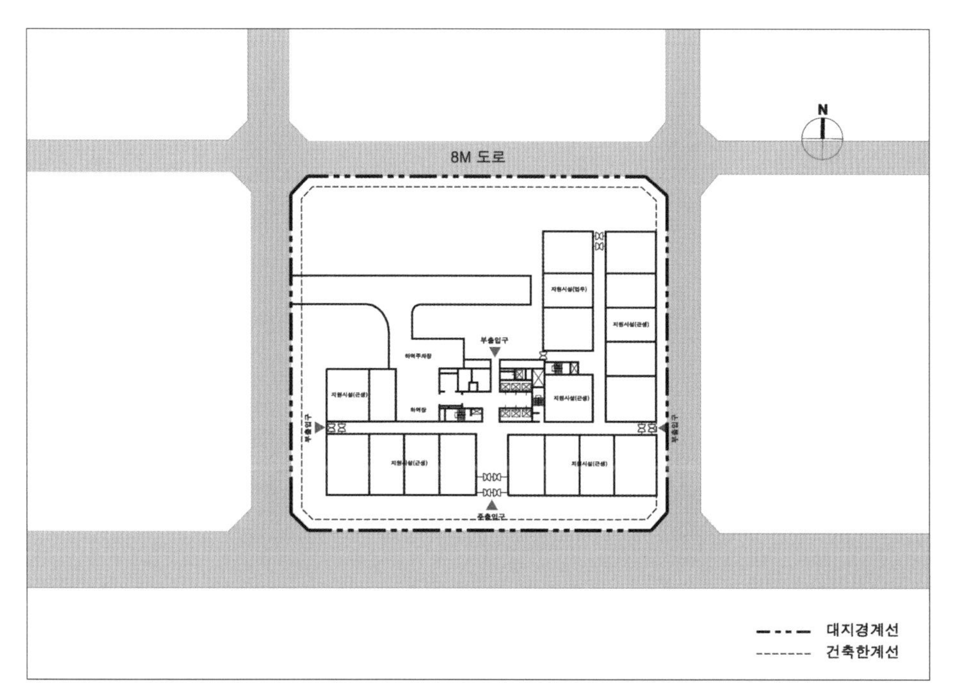
N
8M 도로
지원시설(업무)
지원시설(근생)
부출입구
하역주차장
지원시설(근생)
하역장
지원시설(근생)
부출입구
부출입구
지원시설(근생)
지원시설(근생)
주출입구
대지경계선
건축한계선

〈1층〉

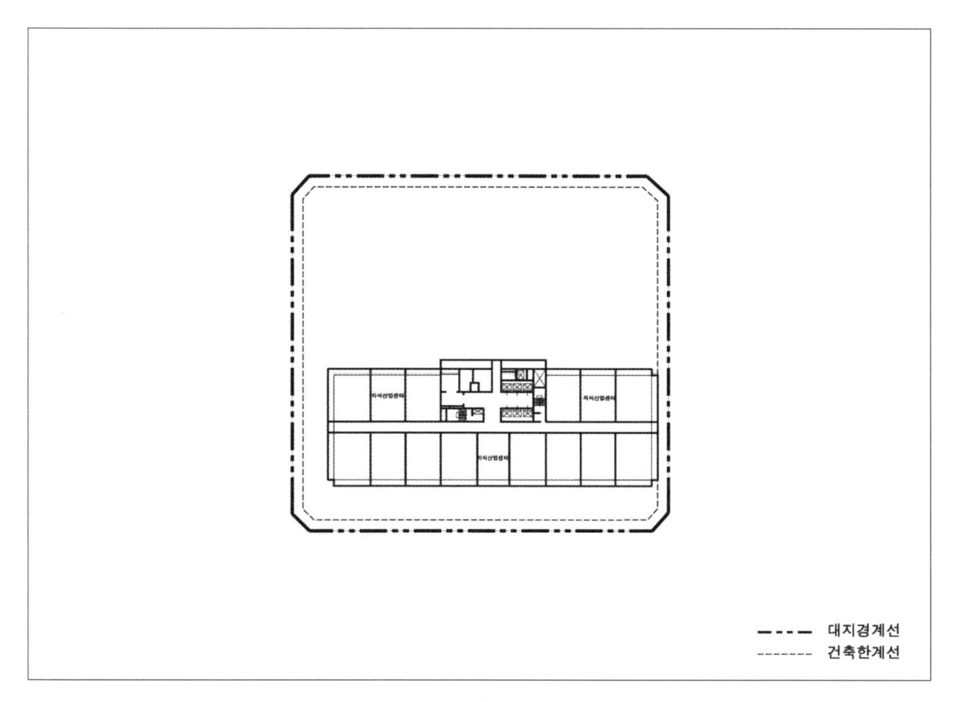
지식산업센터
지식산업센터
지식산업센터
대지경계선
건축한계선

〈기준층〉

CHAPTER 3.

준공업지역 주거용도 건축 시 법규 정리

1. 준공업지역 주요 법령 Tree

1) [공장의 범위] 서울특별시 도시계획조례 별표 2

- 「산업집적활성화 및 공장설립에 관한 법률」 및 같은 법 시행령상의 공장
- 「건축법시행령」 별표 1 제18호의 창고시설 및 제20호 바목의 자동차관련시설 중 자동차정비공장
- 현재 공장기능을 수행하지 않고 있더라도 지목이 '공장용지'로서 나대지이거나 주차장 등으로 사용하고 있는 토지

2) [공장의 정의: 일반적 기준(도시계획조례 제35조)]

별표 2 공장의 범위에 해당하는 시설로 계획입안(주민공람) 또는 건축허가 신청 시점에 건축물대장, 과세대장 등 공부상 공장

3) [공장의 정의: 산업부지 비율 산정 시(도시계획조례 별표 2)]

별표 2 공장의 범위에 해당하는 시설로 2008.1.31. 기준으로 공부상 공장

4) [공장이적지의 정의: 도시계획조례 제35조, 별표 2]

별표 2 공장의 범위에 해당하는 시설로 2008.1.31. 기준으로 공부상 공장이었지만 계획입안(주민공람) 시점에 공장의 이전 또는 용도 변경된 부지

5) [공장 비율의 산정]

- 공장면적(A)=도시계획조례 별표 2의 공장 부지의 합

※ 등록공장은 공장등록대장, 기타는 건축물대장, 과세대장 등 공부상 기입된 공장

- 공장면적(B)=[(공장 바닥면적 합계÷전체 건축물바닥면적 합계)×1필지 대지 면적]

– 1개 건축물에 공장이 타용도와 혼재되어 있는 경우

- 구역 내 공장면적=ΣA+ΣB
- 공장 비율(%)=(ΣA+ΣB)÷(구역면적–국공유지면적)×100

※ 국공유지: 토지대장상 국공유지

사업구역 내 공장 비율	산업부지 확보 비율
10~20% 미만	10% 이상
20~30% 미만	20% 이상
30~40% 미만	30% 이상
40~50% 미만	40% 이상
50% 이상	50% 이상

〈산업부지 확보 비율〉

단, 산업부지 확보는 사업구역 내 공장 비율이 10% 미만인 대지에는 적용하지 않는다. 하지만 공장 비율 10% 미만인 대지여도 공장(이적지 포함) 부지에서 분양형 공동주택을 짓기는 쉽지 않다. 따라서 법령에서 허용한 임대주택을 사업 추진 상품으로 기획하는 것이 합리적이다.

2. 준공업지역 내 임대주택 건립방안

1) 공장 비율(이적지 포함, 2008.1.31. 기준) 0%인 부지

(1) 지구단위계획 수립 시

가. 대상: 부지면적 3,000㎡ 이상 or 개별법에 따라 지구단위계획 수립 대상

나. 공공기여: 준공업지역 종합발전계획의 준공업지역 내 임대주택 건축 시 공공기여 의무부담은 적용하지 않는다. 단, 주택건설사업 기반시설 기부채납 운영기준 등 기타 의무사항에 의해 발생하는 공공기여는 고려한다.(사업계획승인을 통한 주택건설사업의 순부담은 8% 이내)

다. 상한용적률: 촉진지구 400% / 그 외 300%

라. 인허가 추진방식: 건축허가, 사업계획승인, 사업시행인가

마. 건축물 용도: 공동주택, 오피스텔

바. 건축물 노후도 준수(아파트일 경우)

(2) 지구단위계획 미수립 시

가. 대상: 부지면적 3,000㎡ 미만 and 개별법에 따라 지구단위계획 미수립 대상

나. 공공기여: 준공업지역 종합발전계획의 준공업지역 내 임대주택 건축 시 공공기여 의무부담은 적용하지 않는다. 단, 주택건설사업 기반시설 기부채납 운영기준 등 기타 의무사항에 의해 발생하는 공공기여는 고려한다.(사업계획승인을 통한 주택건설사업의 순부담은 8% 이내)

다. 기본용적률: 300%(공개공지, 친환경 등 개별법에 따른 완화 가능)

라. 인허가 추진방식: 건축허가, 사업계획승인

마. 건축물 용도: 공동주택, 오피스텔

바. 건축물 노후도 준수 제외

2) 공장 비율(이적지 포함, 2008.1.31. 기준) 10% 미만인 부지

(1) 지구단위계획 수립 시

가. 대상: 부지면적 3,000㎡ 이상 or 개별법에 따라 지구단위계획 수립 대상

나. 공공기여: 10% 이상

다. 상한용적률: 촉진지구 400% / 그 외 300%

라. 인허가 추진방식: 건축허가, 사업계획승인, 사업시행인가

마. 건축물 용도: 공동주택(단일용도 시), 오피스텔

바. 건축물 노후도 준수(아파트일 경우)

(2) 지구단위계획 미수립 시

가. 대상: 부지면적 3,000㎡ 미만 and 개별법에 따라 지구단위계획 미수립 대상

나. 공공기여: 준공업지역 종합발전계획의 준공업지역 내 임대주택 건축 시 공공기여 의무부담은 적용하지 않는다. 단, 주택건설사업 기반시설 기부채납 운영기준 등 기타 의무사항에 의해 발생하는 공공기여는 고려한다.(사업계획승인을 통한 주택건설사업의 순부담은 8% 이내)

다. 기본용적률: 300%(공개공지, 친환경 등 개별법에 따른 완화 가능)

라. 인허가 추진 방식: 건축허가, 사업계획승인

마. 건축물 용도: 공동주택(단일용도 시), 오피스텔

바. 건축물 노후도 준수 제외

3) 공장 비율(이적지 포함, 2008.1.31. 기준) 10% 이상인 부지

(1) 지구단위계획 수립 시

가. 대상: 부지면적 3,000㎡ 이상 or 개별법에 따라 지구단위계획 수립 대상

나. 공공기여: 15% 이상

다. 상한용적률: 촉진지구 400% / 그 외 300%

라. 인허가 추진방식: 건축허가, 사업계획승인, 사업시행인가

마. 건축물 용도: 공동주택(단일용도 시), 오피스텔

바. 건축물 노후도 준수(아파트일 경우)

(2) 지구단위계획 미수립 시

가. 대상: 부지면적 3,000㎡ 미만 and 개별법에 따라 지구단위계획 미수립 대상

나. 공공기여: 준공업지역 종합발전계획의 준공업지역 내 임대주택 건축 시 공공기여 의무부담은 적용하지 않는다. 단, 주택건설사업 기반시설 기부채납 운영기준 등 기타 의무사항에 의해 발생하는 공공기여는 고려한다.(사업계획승인을 통한 주택건설사업의 순부담은 8% 이내)

다. 기본용적률: 300%(공개공지, 친환경 등 개별법에 따른 완화 가능)

라. 인허가 추진 방식: 건축허가, 사업계획승인

마. 건축물 용도: 공동주택(단일용도시), 오피스텔

바. 건축물 노후도 준수 제외

3. 준공업지역 내 분양형 공동주택 건립방안

공장부지 또는 공장이적지에서 일반 분양형 공동주택을 건설하기 위해서는 지구단위계획을 필수적으로 요한다. 그 유형에는 전략 재생형, 산업 재생형, 주거 재생형 등이 있다. 이 중 주거 재생형은 주택재건축, 재개발, 가로주택정비사업 등으로 사업이 추진되며, 공장 비율 10% 미만인 주거밀집지역이라는 입지요건과 사업시행자로는 조합이 될 가능성이 크다는 제약이 있다. 따라서 본 Chapter에서는 민간 사업시행자가 활용 가능한 전략 재생형과 산업 재생형에 대해 좀 더 알아보겠다.

1) 전략 재생형

구분	복합개발부지	산업부지
허용용적률 = 기준용적률 + 소계(A)	380%	400%
기준용적률	210%	-
소계(A)	170%	-
인센티브 용적률	20%	-
임대산업시설	75%	-
임대산업시설 설치로 인한 완화용적률	75%	-
상한용적률	480%	조례 기준에 따름

· 상한용적률의 480%이상 허용은 위원회 심의를 통해 결정

〈밀도 계획〉

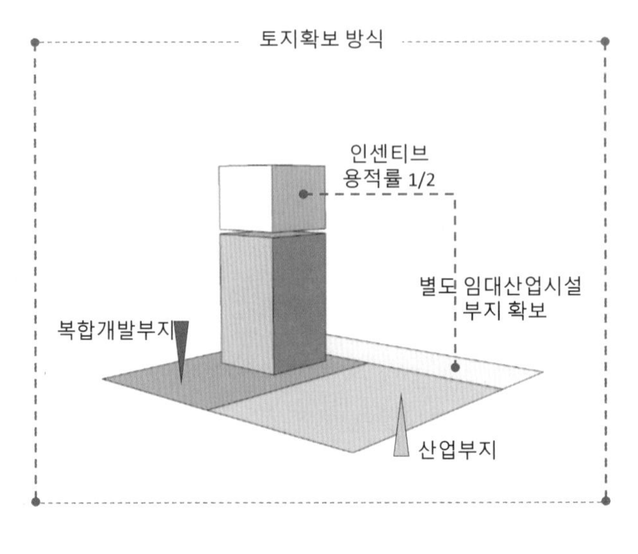

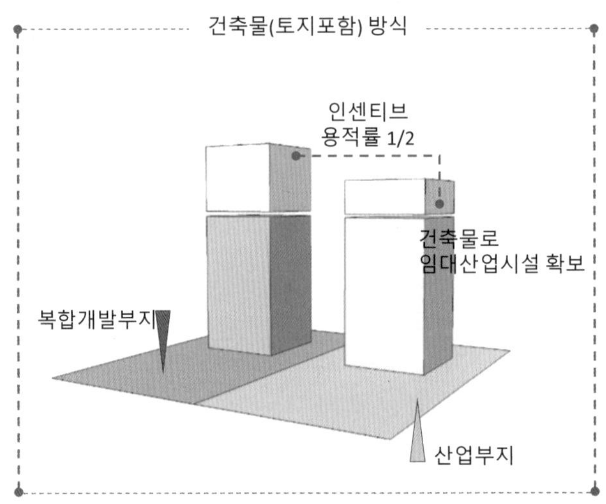

〈토지이용계획 개념도〉

(1) 정의

준공업지역 내 전략적 거점으로 전략산업, 지역중심, 직주근접, 주거기능 등 3개 이상 기능이 복합되는 유형

(2) 지역요건

- 주거산업혼재지역 중 산업거점지역으로 인정되는 지역
- 1만㎡ 이상의 단일부지 또는 구역
- 역세권 접근성(500m), 20m 이상 도로 연접

(3) 인허가 추진방식

건축허가, 사업시행인가, 사업계획승인

(4) 공공기여(순부담)

- 10% 이상(상한용적률 적용 가능)
- 복합개발부지에 용적률 완화를 위하여 임대산업시설 부지제공 시 순부담과 별도
- 산업부지 내 건축물로 임대산업시설 제공 시 임대산업시설 부지의 가액 전체를 건축물로 기부채납하고, 건축물에 부속된 토지지분을 추가로 기부채납하는 경우 토지지분은 순부담에 포함하며, 상한용적률에는 미포함

2) 산업 재생형

(1) 정의

주거산업혼재지역에서 일자리 창출, 근무환경 개선과 주거환경개선을 종합적으로 추진할 수 있는 주거와 산업의 공생 유도하기 위해 수립되며, 부지규모, 공공지원의 필요성에 따라 대규모 재생형, 중소규모 재생형 등으로 세분된다.

(2) 지역요건

- 대규모 재생형: 1만㎡ 이상인 구역
- 중소규모 재생형: 3천~1만㎡ 미만인 구역

(3) 인허가 추진방식

건축허가, 사업시행인가, 사업계획승인

(4) 공공기여(순부담)

- 10% 이상(상한용적률 적용 가능)
- 대규모 재생형의 경우 공동주택 부지에 용적률 완화를 위하여 장기전세주택 대신 민간임대주택 공급 시, 민간임대주택 용적률과 동일하게 임대산업시설 용적률을 산업부지 내 건축물(토지지분 포함)로 확보함. 이때, 건축물은 표준 건축비를 적용하여 공공이 매입하고, 토지지분은 무상양여한다.(토지지분은 순부담에 포함하며, 산한용적률에는 미포함)

구분	복합개발부지	산업부지
기준용적률	210%	-
허용용적률	230%	400%
상한용적률	250%	조례 기준에 따름

※ 공동주택부지의 용적률은 관련계획에서 별도로 정한 경우 해당기준에 따름
※ 상한용적률의 250%이상 허용은 위원회 심의를 통해 결정

〈대규모 재생형 임대주택 미건립 시 밀도계획〉

구분	공동주택부지	산업부지
기준용적률	210 %	-
허용용적률 =기준용적률 + 소계(A)	280 %	400 %
소계(A)	70 %	
인센티브 용적률	20 %	
임대주택* 건축 용적률	25 %	
임대주택 건축으로 인한 완화용적률	25 %	
상한용적률	300 %	조례 기준에 따름

※ 임대주택은 장기전세주택 또는 민간임대주택(기업형/준공공임대주택의 공동주택부지내 설치 + 임대산업시설의 산업부지내 설치) 중에서 사업시행자가 선택 가능
※ 공동주택부지의 용적률은 관련계획에서 별도로 정한 경우 해당기준에 따름
※ 상한용적률은 위원회 심의를 통해 추가 완화 가능

〈대규모 재생형 임대주택포함 건립 시 밀도계획〉

〈대규모 재생형 토지이용계획 개념도〉

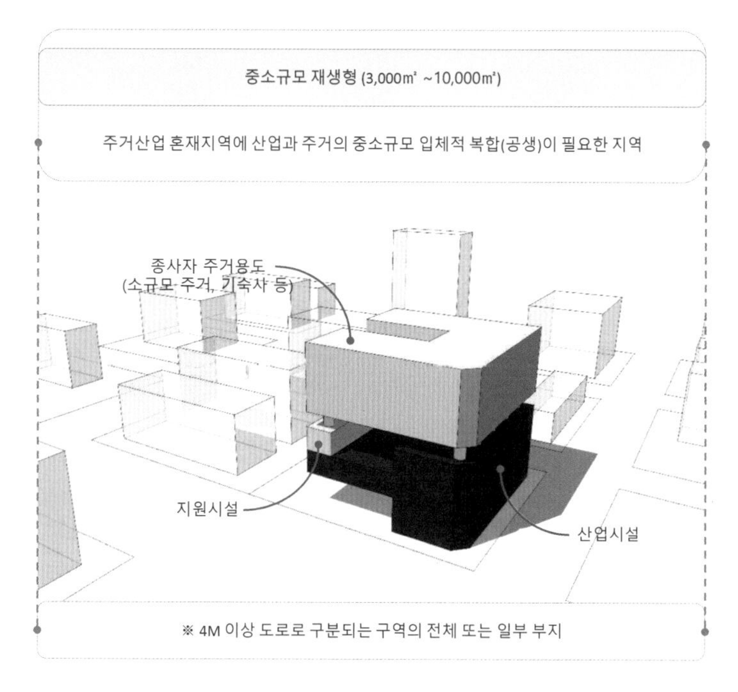

〈중소규모 재생형 토지이용계획 개념도〉

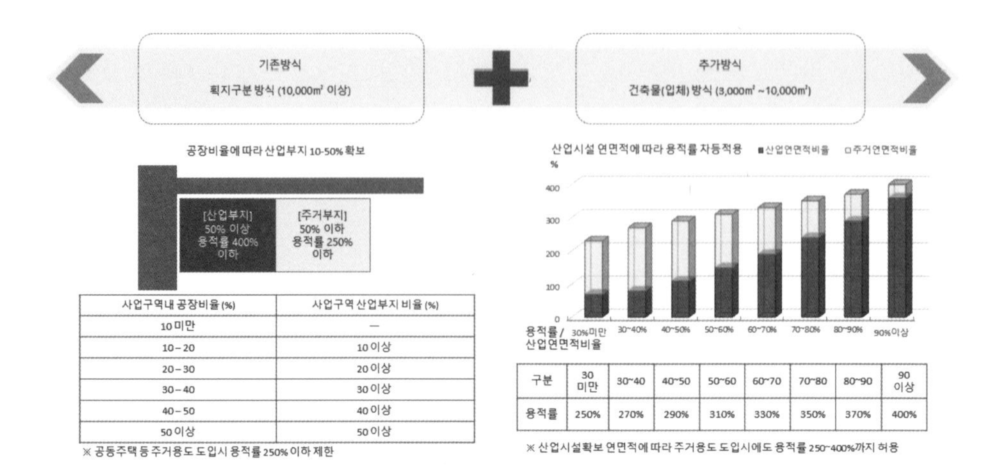

사업구역내 공장비율 (%)	사업구역 산업부지 비율 (%)
10 미만	—
10 – 20	10 이상
20 – 30	20 이상
30 – 40	30 이상
40 – 50	40 이상
50 이상	50 이상

※ 공동주택 등 주거용도 도입시 용적률 250% 이하 제한

구분	30 미만	30~40	40~50	50~60	60~70	70~80	80~90	90 이상
용적률	250%	270%	290%	310%	330%	350%	370%	400%

※ 산업시설확보 연면적에 따라 주거용도 도입시에도 용적률 250~400%까지 허용

〈중소규모 재생형 밀도계획〉

3) 공장 비율(이적지 포함, 2008.1.31. 기준) 10% 미만 대지

서울시 도시계획 조례상 공장이적지에 분양형 공동주택을 건축하려면 지구단위계획을 통해 산업부지(시설)를 확보하여야 가능하다. 그러나 공장비율 10% 미만인 대지에 적용할 만한 지구단위계획 수립 유형은 주거 재생형 외에는 마땅한 것이 없다. 주거 재생형 내 사업방식에서도 가로주택 정비사업을 통한 사업시행이 토지 등 소유자가 적고, 절차가 간소한 측면에서 장점이 있다. 순부담과 산업부지를 확보하지 않아도 되지만, 가로구역에 적합하고 주거밀집지역에 한해 가능하다.

CHAPTER 4.

민간임대주택과 도시형생활주택

1. 민간임대주택 법령 Tree

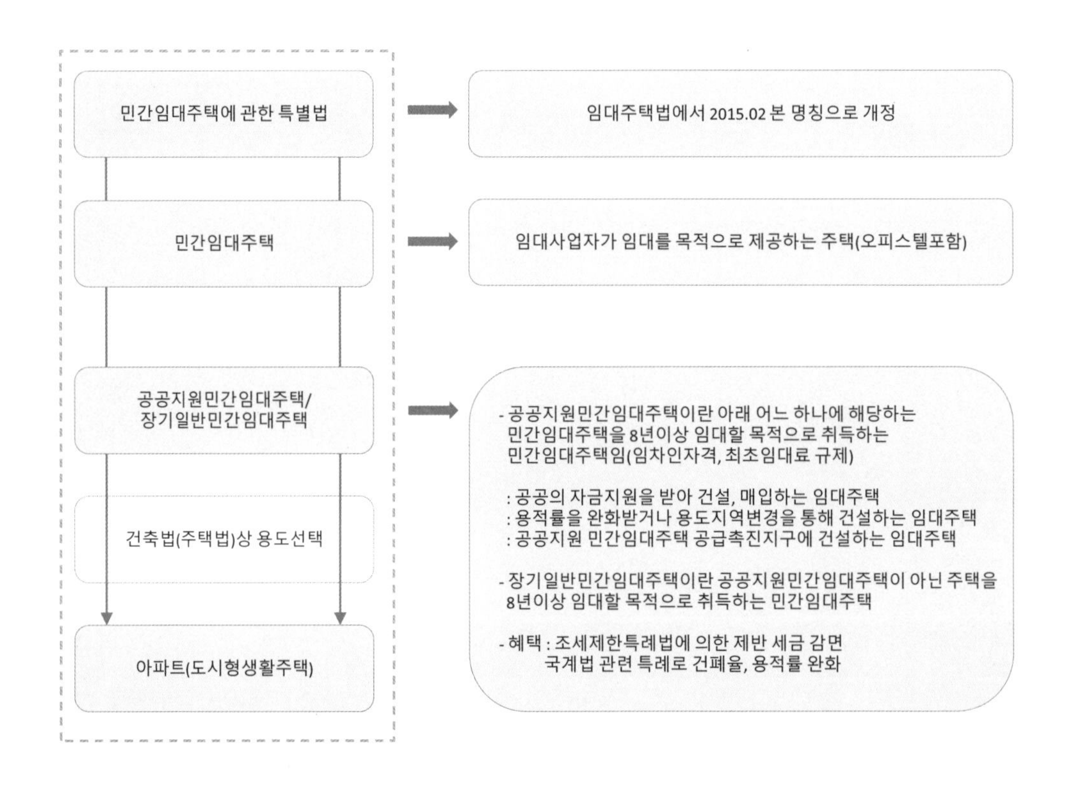

2. 도시형생활주택이란?

1) 도시형생활주택의 개념 및 분류

(1) 개념(주택법 제2조제4호, 주택법 시행령 제3조 등)

'도시형생활주택'이란 「국토의 계획 및 이용에 관한 법률」 상의 도시지역에 주택 건설 사업계획승인을 받아 건설하는 30세대 이상, 300세대 미만의 공동주택을 말한다.

※ 기반시설의 부족으로 난개발이 우려되는 비도시지역에는 건설 불가.

※ 30세대 미만은 사업계획승인 없이 단순히 건축허가만으로도 건설 가능.

(2) 분류

가. 단지형 다세대

세대당 주거전용면적 85㎡ 이하의 다세대 주택으로 주택으로 쓰이는 층수가 4층 이하, 연면적 660㎡ 이하인 주택

– 건축위원회 심의를 거쳐 1개 층 추가 가능

나. 원룸형

세대당 주거전용면적이 14㎡ 이상 60㎡ 이하로 세대별 독립된 주거가 가능하도록 욕실과 부엌을 설치하고 욕실 및 보일러실을 제외한 부분이 하나의 공간으로 구성, 각 세대는 지하층에 설치 불가

- 원룸형 도시형 생활주택은 종전까지는 실(室 · 칸막이) 구획이 금지되어 있었으나 전용면적 30㎡ 이상 원룸형 주택에 대해서는 세 개 이하의 침실과 그 밖의 공간으로 구획이 허용된다.
- 원룸형 도시형 생활주택의 최소면적 기준 상향 12㎡ → 14㎡('13.6.19.부터)

다. 기숙사형 〈2010.7.6. 폐지〉

라. 단지형 연립주택

세대당 주거전용면적 85㎡ 이하의 연립주택으로 주택으로 쓰이는 층수가 4층 이하, 연면적 660㎡ 초과인 주택

- 건축위원회 심의를 거쳐 1개 층 추가 가능

※ 원룸형 도시형생활주택에 공용시설로 설치되는 취사장, 세탁실, 휴게실 등 주민공동시설은 연면적 산정 시 완화를 요청할 수 있다.

※ 건축법 '건축물의 용도'상 단지형 다세대주택은 다세대주택이며, 단지형 연립주택은 연립주택, 원룸형은 아파트, 연립주택, 다세대주택 유형으로 건설 가능하다.

주택 유형	건축법상 용도	
원룸형	연립, 다세대, 아파트	

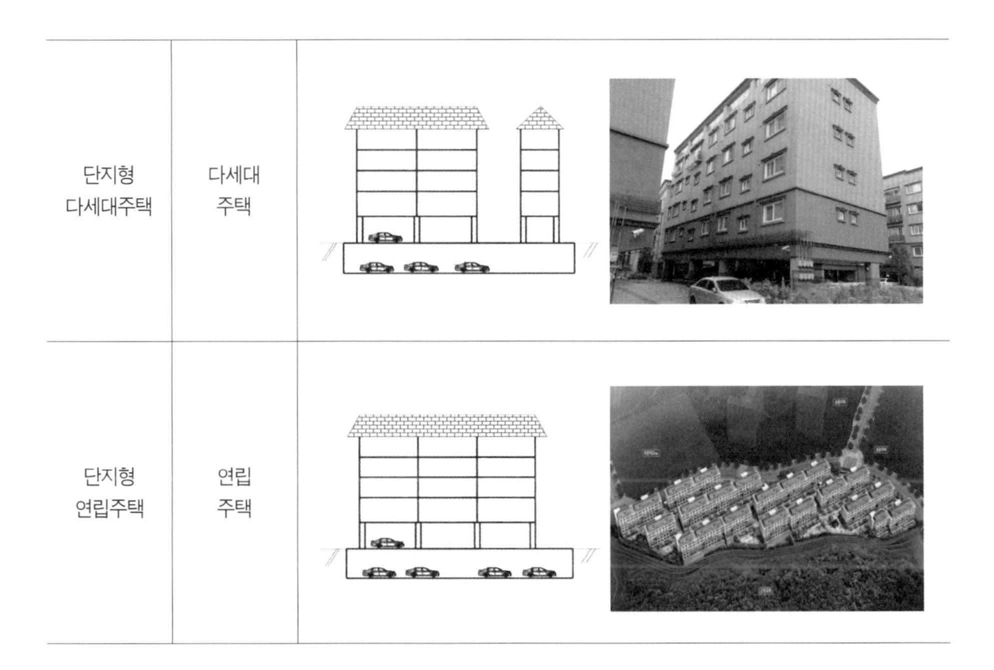

단지형 다세대주택	다세대 주택	
단지형 연립주택	연립 주택	

2) 일반공동주택과 비교한 도시형 생활주택의 장점

- 도시형 생활주택은 건축법 상 건축물의 용도로는 공동주택에 해당한다.
- 건설 기준 완화 및 공급절차 단순화로 공급의 활성화 도모
- 감리는 사업계획승인권자가 감리업체를 지정하는 주택법 감리를 따르지 않고, 건축주가 감리원을 지정하는 건축법 감리를 따름(건축 규모에 따라 비상주 또는 건축감리원 1인 이상 상주)
- 일부 주택 건설 기준과 부대, 복리시설 적용 제외됨

3) 단점

(1) 주차 공간의 부족

지금까지 허가된 도시형 생활주택의 90% 이상이 원룸형이다. 원룸형 평균 전용면적이 20㎡(6평)이라고 할 시 2가구당 1대의 주차 대수 확보가 법적 기준이다.

(2) 세입자 관리 문제

여러 가구를 분양받아서 임대를 한다면 소유자가 일일이 세입자 관리를 해야 한다.

(3) 재건축 문제

아파트에 비해 좁은 땅에 많은 가구를 건설하므로 후일 재건축 시 문제가 생길 여지가 있다.

4) 주택건설 기준 적용 제외 사항

- 주택건설 기준 등에 관한 규정의 주택건설 기준 중 소음보호(일반 공동주택은 외부 65db 미만, 내부 45db 이하), 설계 기준 척도(일반 공동주택은 평면 10㎝, 높이 5㎝ 단위 기준)는 적용 제외
- 필요성이 낮은 부대 · 복리시설은 의무설치대상에서 제외

– 안내표지판, 비상급수시설, 조경시설 등 부대시설, 놀이터 · 경로당 등 복리시설 규정은 설치의무 면제 및 완화(규정 제7조제10항)
– (주택건설 기준 등에 관한 규정 개정) 도시형 생활주택의 세대수를 150세대 미만에서 300세대 미만으로 확대하는 내용으로 「주택법」이 개정됨에 따라, 150세대 이상의 도시형 생활주택을 건설하는 경우에도 150세대 미만의 도시

형 생활주택과 동일하게 소음보호 · 배치 · 기준척도 · 조경시설 등 일반 공동주택 건설 기준의 적용을 배제하되, 단지형 연립주택 및 단지형 다세대주택에 해당하는 경우에는 일반 공동주택의 어린이 놀이터 및 경로당 설치 기준을 적용한다. 그리고 입주자가 자치관리하거나 주택관리업자에게 위탁하여 관리하여야 하는 의무관리대상 공동주택에 해당하는 경우에는 일반 공동주택의 관리사무소 설치 기준을 적용한다.

- 주거환경과 안전 등을 고려하여 경계벽, 층간소음, 승강기, 복도 등 기타 규정은 일반 공동주택과 동일하게 적용한다.
- 주차장 설치 기준 완화(주택건설기준등에관한규정 제27조)

– 도시형 생활주택 중 원룸형 주택은 주차장 설치 기준을 완화
  : 원룸형 주택은 세대당 주차 대수가 0.6대 이상(세대당 전용 면적이 30㎡ 미만인 경우에는 0.5대)
– 상업 또는 준주거지역에서 주상복합 형태로 건설하는 원룸형 주택은 기계식 주차장도 허용(주택건설 기준 규칙 제6조의2)
– 주차장 확보 기준

구분	일반 공동주택	도시형 생활주택	
		단지형 다세대주택	원룸형 주택
주차장 확보기준	세대당 1대 이상 (주택건설기준등에 관한 규정 준수)	일반 공동주택과 동일	세대당 주차 대수가 0.6대 이상 (세대당 전용 면적이 30㎡ 미만인 경우에는 0.5대) ('13.5.31.시행)

5) 주택단지 및 동일건축물 내 복합건축 시

(1) 하나의 건축물 내에서 복합건설(시행령 제3조제2항)

가. 도시형 생활주택은 일반 공동주택과 하나의 건축물에 함께 건설할 수 없고, 도시형 생활주택 중 단지형 다세대주택과 원룸형 주택도 하나의 건축물에 함께 건설 불가한 것이 원칙이다.

나. 준주거 · 상업지역에서 일반 공동주택과 원룸형 주택은 하나의 건축물에 건설 가능하도록 예외를 두었다.

(2) 하나의 단지 내에서 혼합 건설(시행령 제3조제2항)

가. 도시형 생활주택과 일반 공동주택을 동일 단지에 별개의 건축물로 건설하는 것은 가능하다.

나. 도시형 생활주택 중 단지형 다세대주택과 원룸형 주택을 동일한 단지에 별개의 건축물로 건설하는 것도 가능하다.

(3) 동일 단지 및 건축물에 혼합 건설 허용 여부 정리

<table>
<tr><th>구분</th><th>혼합 유형</th><th>가능 여부</th></tr>
<tr><td rowspan="3">동일 건축물</td><td>일반 공동주택+도시형 생활주택</td><td>불가능
(준주거 · 상업: 일반 공동주택)</td></tr>
<tr><td>단지형 다세대+원룸형</td><td>불가능</td></tr>
<tr><td>원룸형+일반주택 1세대</td><td>가능</td></tr>
<tr><td rowspan="2">동일 단지</td><td>일반 공동주택+도시형 생활주택</td><td>별개 건축물로 건설 시 가능</td></tr>
<tr><td>단지형 다세대+원룸형</td><td>별개 건축물로 건설 시 가능</td></tr>
</table>

CHAPTER 5.

준공업지역 임대주택 기획 사례

1. 대지 현황 분석

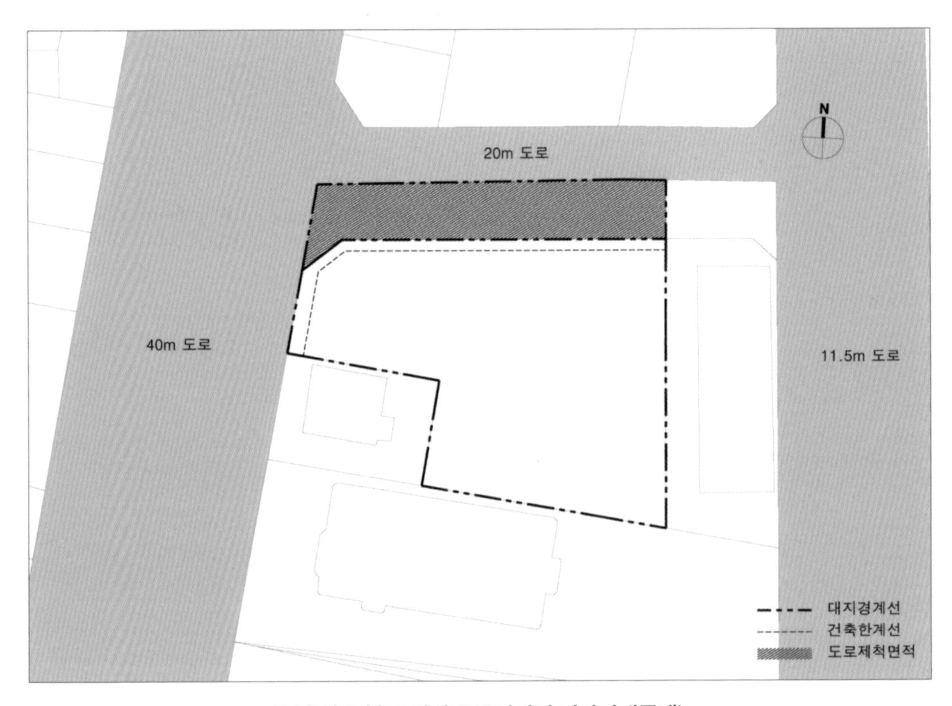

〈서울시 도봉구 일대 준공업지역 민간임대주택〉

구역면적: 3,406.8㎡
도시기반시설 면적: 711.8㎡
대지면적: 2,695㎡
국토계획법 등에 따른 지역지구: 준공업지역, 일반미관지구, 지구단위계획구역

준공업지역에서 건축법상 공동주택을 짓기란 쉬운 일이 아니다. 공장이 있다면 그 비율에 따라 산업 부지를 확보해야 하기 때문이다. 가장 먼저 해당 대지에 산업 부지 확보가 필요한지를 알기 위해 앞서 검토했던 공장의 유무를 확인한다. 본 대지에는 위험물저장소가 있지만, 이는 공장의 범위 안에 들지 않는다. 그러나 일부

창고용도시설이 있으므로 공장비율 10% 미만인 대지이다. 앞에서 살펴보았듯이 임대주택을 기획할 것이므로 산업부지 확보에 대한 고려는 제외한다.

그렇다면 이제 이 대지에 민간임대주택을 짓기 위해 어떤 추진방안을 활용할 것인지에 대해 결정하여야 한다. 좀 길어지기 때문에 아래에 별도 요약하여 정리하겠다. 여기서 임대주택이란 민간임대주택법에서 정한 장기 일반민간임대주택이다.

2. 사업추진방안 분석

1) 민간임대주택법에서 정한 임대주택 촉진지구 활용

- 관련 법령: 민간임대주택법, 2030준공업지역 종합발전계획, 서울시 민간임대주택 건립 및 운영 기준, 서울시 지구단위계획 수립 기준
- 사업 방식: 촉진지구 지정에 의한 주택사업계획승인(지구단위의제)
- 대상: 공장 비율 10% 미만인 5,000㎡ 이상 대지, 유상공급면적의 전부를 임대주택(300호 이상) 공급 시
- 용도: 임대주택(오피스텔 제외)
- 용적률: 상한 400%
- 공공기여: 10% 이상(순부담, 공장 비율 10% 미만 시)

2) 그 밖의 임대주택(공동주택, 아파트 활용)

- 관련 법령: 서울시 도시계획조례, 서울시 민간임대주택 건립 및 운영 기준, 서울시 지구단위계획 수립 기준
- 사업 방식: 주택사업계획승인(지구단위의제)
- 대상: 공장 비율 10% 미만인 산업 부지 확보 없이 임대주택을 건축하는 경우
- 용도: 임대주택(오피스텔 제외)
- 용적률: 상한 300%
- 공공기여: 10% 이상(순부담, 공장 비율 10% 미만 시)

3) 그 밖의 임대주택(오피스텔 활용)

- 관련 법령: 서울시 도시계획조례, 2030 준공업지역 종합발전계획 등
- 사업 방식: 건축허가
- 대상: 공장 비율 10% 미만인 산업 부지 확보 없이 임대주택을 건축하는 경우
- 용도: 오피스텔
- 용적률: 상한 300%(지구단위구역 외에서 공개공지 설정에 따른 용적률 완화는 허가권자와 상의 필요)
- 공공기여: 10% 이상

4) 분양형 오피스텔

- 관련 법령: 서울시 도시계획조례
- 사업 방식: 건축허가
- 대상: 전 지역
- 용도: 오피스텔
- 용적률: 상한 335%(단, 오피스텔용도로 건축가능 용적률 250%)
- 공공기여: 해당 없음

3. 사업부지추진방안 선택

다양한 법령을 간추려 해당 대지에 필요한 요소만 상기 사업추진방안에서 정리해 보았다. 현재 대지 조건상 이미 공공기여 부담이 지구단위계획에 의해 정해져 있기 때문에 공공기여 부담은 큰 제약 사항이 되지 않는다. 그러면 추진방안 중 어떤 방법을 선정할 것인가 확인해 보자.

민간임대주택법에서 정한 임대주택 촉진지구 활용은 대지면적 협소로 제외된다. 임대주택 중 건축법상 공동주택과 오피스텔용도의 방안으로 크게 나뉘며, 공동주택을 도입한 2-2)는 오피스텔보다 더 많은 세대수를 확보할 수 있으므로 기본적으로 검토가 필요하다. 2-3)과 2-4) 방안에서는 임대주택으로 건축 시 아이러니하게 용적률을 더 적게 받게 되는 2-3) 방안을 제외한다. 결론적으로 2-2)와 임대주택은 아니지만 2-4) 방안으로 기획검토를 진행하여 비교해 보아야 한다. 한 개 대지에 두 가지 컨셉이라니 좀 힘들지만 사업성이 어떻게 나올지 모르니 확인이 필요하다.

4. 민간임대주택, 도시형생활주택?

사업부지에 어떤 사업방식을 적용할 것인지 알아보았다. 용어의 혼돈을 막기 위해 민간임대주택과 도시형생활주택에 대한 사항은 앞 검토 내용을 참조하길 바란다.

5. 법규 검토

일단, 먼저 지구단위계획을 면밀히 검토해야 한다. 지구단위계획이란 도 · 시 · 군 계획 수립대상지역의 일부에 대하여 토지이용 합리화를 위해 수립하는 도 · 시 · 군 관리계획의 하나다. 국토의 계획 및 이용에 관한 법률이 모법이며 이는 도 · 시 · 군 관리계획인 만큼 구속력이 있고, 지키지 않을 시 행정처분, 행정쟁송 등의 대상이 되므로 잘 살펴보아야 한다.

내용은 많으나 기획 검토 시에는 획지, 최대개발규모, 건축물 용도제한, 건폐율과 용적률, 건축물 높이의 최고한도 또는 최저한도, 결정도상의 특이사항 등 주요 사항만 빠르게 파악한다.

1) 지구단위계획 결정조서 및 결정도 검색법

- Luris 토지이용규제정보서비스 → 고시정보 확인
- 서울시 도시계획 포털
- 자치단체별 홈페이지 도시계획 혹은 도시개발분야 검색
- 그래도 안 나오면 직접 담당공무원 전화로 확인

2) 규모 검토 시 확인 법규 및 주요 사항

(1) 도시계획 조례

건폐율, 용적률, 건축가능용도

(2) 건축법

건축물의 피난시설(피난 계단, 비상승강기 등), 대지 내 공지, 공개공지, 최고높이

(3) 주택법

사업계획승인 대상 주택의 부대시설, 공용부 시설

(4) 지구단위계획

대지개발 조건, 건폐율, 용적률, 용도, 높이, 결정도 계획 확인

(5) 주차장 조례

주차 대수

3) 인허가 기간 검토 시 확인 법규 및 주요 사항

(1) 서울시 교통영향분석 및 개선대책에 관한 조례

교평심의

(2) 건축 조례

건축심의

(3) 주택법

사업계획 승인 대상 시 인허가 기간 추가 고려

(4) 서울시 환경영향평가 조례

환경영향평가 해당 여부 확인(Brief Check 연면적 10만㎡ 이상)

(5) 자연재해대책법

사전재해영향성 검토 확인(Brief Check 대지면적 5천㎡ 이상)

(6) 서울시 빛공해 방지 및 좋은빛 형성 관련 조례

빛공해 심의(Brief Check 5층 이상의 건축물)

(7) 경관법

경관심의(Brief Check 16층 이상 건축물, 중점경관관리구역 5층 이상 건축물)

(8) 교육환경보호에 관한 법률

교육환경평가(Brief Check 21층 이상 건축물: 주요 사항은 일조임)

(9) 지하안전관리에 관한 특별법

지하안전영향평가(소규모: 지하 10~20m 미만 / 정식: 지하 20m 이상)

(10) 기타 자치구 건축위원회 심의 또는 자문 대상 확인

토양환경보전법에서 지정한 특정토양오염관리대상 시설이기 때문에 토양오염도 검사를 주기적으로 받았는지 확인해야 하며, 리스크를 줄이기 위해서 추가로 토양 오염도 검사를 실시하는 것을 염두에 두어야 한다.

본 대지의 용적률 체계와 적용 가능한 여러 결과는 앞서 검토하였으므로 바로 적용 가능한 2가지 경우로 나누어 관련 사항을 정리한다.

가. 공동주택으로 민간임대주택 활용 시

건축물의 용도는 건축법상 공동주택, 주택법상 원룸형 도시형생활주택을 적용한다. 건폐율 60%, 용적률 상한 300%까지 건축 가능하다.(공동주택 공개공지 인센티브 미적용) 준공업지역에 공동주택 건립 시 주택법에 따른 30세대 이상이면 사업계획승인대상이 된다. 대지 내 공지는 공동주택 용도를 적용하여 건축선 및 인접대지경계선으로부터 3m 이상 이격한다. 공개공지는 의무대상이 아니며 조경면적 15% 이상 적용으로 미리 예상한다.

주차 대수는 주차장 조례에 의해 도시형생활주택 건축 시 전용면적 30㎡ 미만 세대당 0.5대, 전용면적 30㎡ 이상 세대당 0.6대이고, 근린생활시설은 134㎡당 1대이다. 도시형생활주택은 사업계획승인대상이더라도, 주택건설기준에 의한 세대수별 주민공동시설(복리시설)을 대부분 적용하지 않아도 된다. 단, 주의할 점은 원룸형 도시형생활주택과 다른 주택은 같은 건축물에 지을 수 없으므로(상업, 준주거지역 제외) 300세대 미만이어야 한다는 점이다. 하지만 걱정하지 말자. 대지형상을 보면 일조 및 채광이격거리 준수 시 그 이상 세대수가 나오기는 힘든 상황이고, 혹

여 300세대 이상 계획 가능하면 299세대에서 멈추면 된다. 그래도 이 방법을 적용하는 것이 사업성 측면에서 좋기 때문에 이견을 제시할 사람은 없을 것이다.

나. 분양형 오피스텔 활용 시

건축법상 업무시설에 속하는 오피스텔이다. 건폐율 60%, 용적률 허용 250%까지 가능하다. 허용 250% 용적률 내에는 저층부의 근린생활시설도 포함이다. 본 대지는 이미 결정된 도시계획도로 기부채납 부지가 있기 때문에 상한용적률을 받을 수 있다. 계산한 결과 상한용적률 335%까지 받을 수 있지만, 상한용적률을 모두 오피스텔을 지을 수는 없다. 상한용적률 335% 중 250%만 오피스텔을 지을 수 있으니 계획 시 주의하도록 한다.

대지 내 공지는 지구단위계획에서 정한 건축한계선 적용, 공개공지 의무대상으로 7% 이상 적용 조경면적 15% 이상 적용으로 미리 예상한다. 주차 대수는 주차장 조례에 의해 오피스텔 건축 시 전용면적 30㎡ 미만 세대당 0.5대, 전용면적 30㎡ 이상 세대당 0.8대이며, 근린생활시설 134㎡당 1대이다. 오피스텔은 일조나 채광이격과는 관계없기 때문에 배치에 있어서는 자유롭다.

6. 인허가 기간

1) 주택사업계획 승인 시

- 계획도서 작성(2~2.5개월) → 건축/교통심의 및 사업승인 기본도서 작성(6개월) → 사업승인(2개월) → 감리자모집공고 및 계약(1.5개월)
  : Total 11.5~12개월

2) 건축허가 시

- 계획도서 작성(2~2.5개월) → 건축/교통심의 및 기본도서 작성(5개월) → 건축허가(2개월)
  : Total 9~9.5개월

주택사업계획 승인과 건축허가의 소요기간은 주택사업계획승인이 더 길며, 허가를 위한 도면의 완성도도 더 높게 요구된다. 여기에 착공신고처리 기간을 고려하여 실착공까지 소요되는 기간은 상기 인허가 기간에 1개월을 추가시켜 예상한다.

7. 계획 및 건축개요

1) 공동주택으로 민간임대주택 활용 시

주거 계획에 있어 배치에 중요한 점은 주출입구이다. 비주거(근린생활시설)와 주거부의 수평 출입동선은 분리해 주어야 한다. 주택사업계획 승인대상 건축물일 경우 수직동선 또한 주거부와 분리해 주어야 하니 명심하자.

대로변 1층부에 근린생활시설 용도를 분양성을 고려하여 배치한다. 지하주차장 진입부 회전을 고려하여 중심 코어 위치를 선정하고 주출입동선 주변에 부대/편의 시설을 배치한다.

(1) 상품 구성

역세권 기업형 임대주택의 용적률 체계를 적용받기 위해서는 주거는 공동주택 용도이어야 하며, 다른 용도의 시설을 같이 지을 수 없다. 단, 1층 부의 근린생활 시설은 공동주택 복리시설로 인정받을 수 있으므로 형성될 수 있다.

(2) 주동배치 및 지상층별 면적

코어 위치가 결정되면 피난동선거리 내에 들어올 수 있도록 전용 부위의 주동배치를 계획한다.

: 파난동선거리 → 모든 건축물 30m 이하

→ 주요구조부가 내화구조 또는 불연재료인 경우 50m 이하(층수가 16층 이상인 공동주택의 경우 40m 이하)

2층 이상 주거부부의 층전용률은 확장 후 전용면적 기준으로 7평 전후 소형 주택을 기준으로 하기 때문에 층전용률 60~65%로 구성한다. 누군가는 전용률이 왜 이렇게 낮냐고 물을 수 있으나 상식적으로 전용률을 높이기 위해서는 전용면적을 키우는 상품 구성이 요구된다. 흔히 우리가 볼 수 있는 30~40평대 아파트가 그러하다.

층수계획에 있어서 지구단위계획의 최고높이 제한사항을 확인해야 하는데, 본 대지는 최고 50m 이하이다. 그러나 건축용도가 공동주택이기 때문에 채광이격거리가 중요하게 작용하여 50m까지 건축물 높이가 형성되기는 어렵다.

지구단위계획상의 최고높이사항을 충분히 활용할 수 없기 때문에 최대한 건폐면적을 활용하여 구성한다. 실제로 검토결과 기준층 층고를 2.8m로 하여도 9층 이상 올릴 수 없는 결과가 나온다. 준공업지역에서도 공동주택 건축 시 채광이격거리는 준수해야 한다. 따라서 계획 및 개요를 보면 알 수 있지만 상한용적률인 400%는 계획상 제약요소로 인하여 달성하기 힘들다.

(3) 지하층별 면적

주거용도가 주용도일 시 기계/전기실은 다른 용도에 비해 작다. 이유는 공조를 위한 시설 즉, 열원을 공급하는 냉온수기 등이 불필요하기 때문이다. 보통 지상연면적의 3%~4% 정도 수준의 기계/전기실 면적을 산정한다. 본 대지는 대지면적이 크고 세대수가 많지 않기 때문에 지하 기계식주차는 고려하지 않고 자주식으로 계획한다.

개요 산정 후 검토하면, 아마도 공동주택 세대당 전용률이 60% 초중반이 형성되었을 것이다. 공동주택은 전용률 산정 시 공급면적 기준이기 때문에 일반 오피스텔보다는 당연히 높게 나온다. 공급면적은 지하 기계/전기실 및 주차장 면적이 제외된 면적이다.

- 계획 층수: 지하 3층 / 지상 9층
- 상품 구성: 지하 주차장 / 지상 1층 근린생활시설 및 주거부대시설 / 지상 2~9층 공동주택
- 계획 용적률: 299%(상한 300%)
- 계획 높이: 28.9m(1층 6.3m / 기준층 2.8m)
- 계획 연면적: 13,407㎡(전체 연면적: 주차 법정의 103% 적용)
- 계획 세대수: 246세대

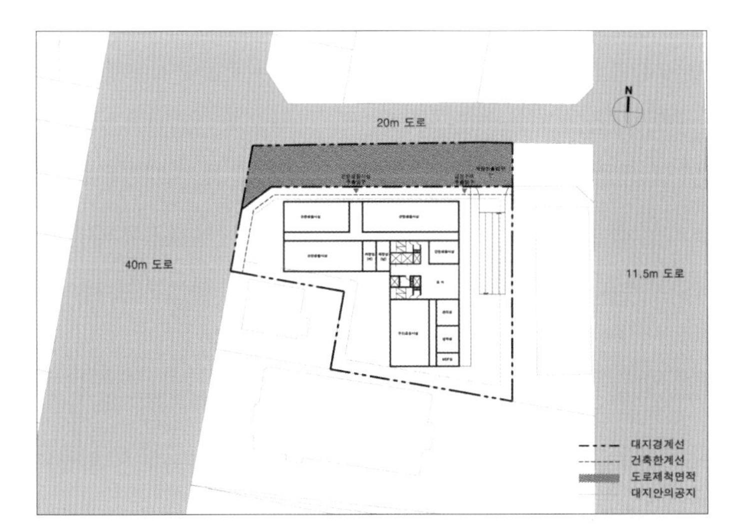

〈1층〉

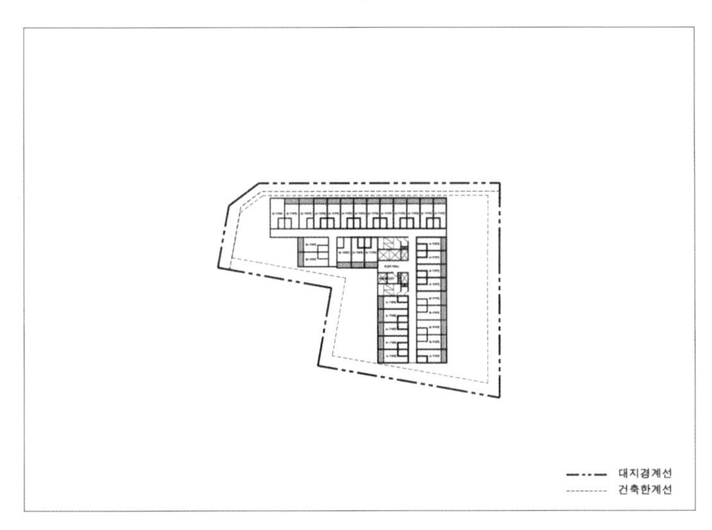

〈기준층〉

2) 분양형 오피스텔 활용 시

오피스텔로 주용도가 바뀌었다. 오피스텔은 건축법상 업무시설이기 때문에 일정 면적 초과 시 공개공지 의무설치 대상 건축물이다. 배치에 있어서는 크게 달라질 것은 없으나, 1층 평면 계획 시 공개공지를 계획에 반영해야 한다. 하지만 오피스텔은 채광이격거리 제약으로부터 자유롭다는 장점이 있다.

(1) 상품 구성

용적률 확보를 위해 1층~3층 근린생활시설, 4~11층 주거부는 오피스텔로 구성한다. 앞서 말했듯이, 상한용적률 335%까지 건축할 수 있지만, 그 안에서 오피스텔은 250%만 지어야 하기 때문에 근린생활시설을 3층까지 계획한다. 만약 건축주가 근린생활시설 활용성이 낮다고 판단되면 근린생활시설을 작게 계획하고, 계획용적률을 낮추면 된다. 오피스텔 타입은 전용 7평 전후 타입으로 계획한다.

층수계획에 있어서 이격거리 제한을 받지 않기 때문에 기준층 층고를 3.1m로 적정하게 계획한다. 그렇게 해도 335%라는 용적률 제약이 있기 때문에 지구단위계획상 최고높이인 50m까지 올라가지 못한다.

개요 산정 후 검토하면, 오피스텔 실당 전용률이 50%보다 작게 형성되었을 것이다. 오피스텔은 앞서 계획한 공동주택과 달리 전용률 산정 시 전용면적을 계약면적으로 나누기 때문에 공동주택보다 당연히 작게 나온다. 계약면적은 지하 기계, 전기실 및 주차장 면적 등이 포함된 면적이다.

- 계획 층수: 지하 3층, 지상 11층
- 상품 구성: 지하 주차장, 지상 1~3층 근린생활시설, 지상 4~11층 오피스텔
- 계획 용적률: 333%(상한 335%)

- 계획 높이: 43.1m(1층 6.3m / 기준층 3.1m)
- 계획 연면적: 13,995㎡(전체 연면적, 주차 법정의 103% 적용)
- 계획 세대수: 196실

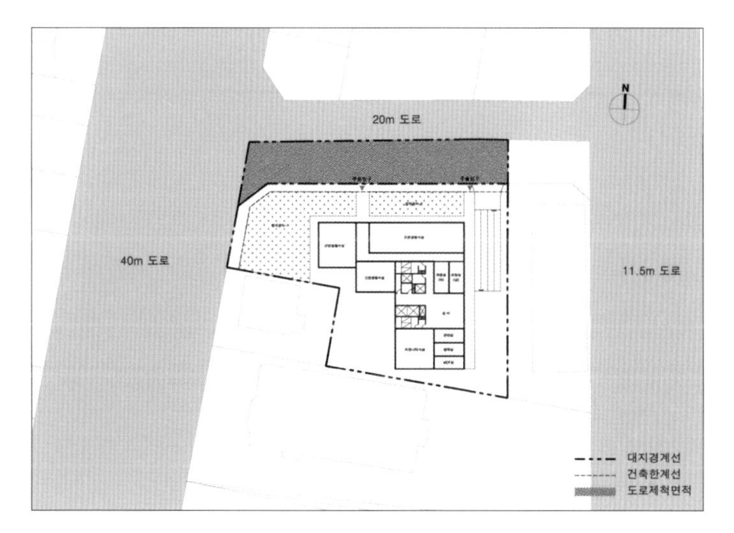

〈1층〉

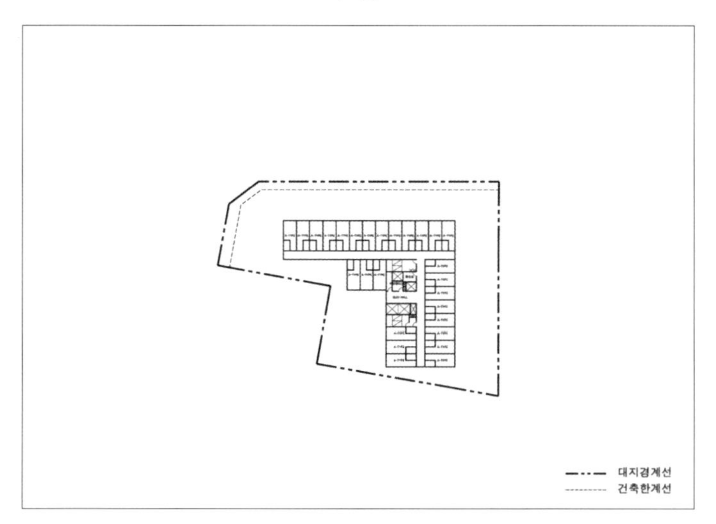

〈기준층〉

8. 준공업지역에서의 분양형 오피스텔과 임대주택(공동주택) 간 상품 비교 분석 예시

1) 분석 조건

- 공장비율 10% 미만 조건임
- 지구단위구역 지정대상 제외 가정함
- 사업추진 방안 중 임대주택(공동주택)과 분양형 오피스텔 적용
- 대지면적: 3,190㎡(Unit Type 전용 36㎡ 수준 1.5 Room Type)

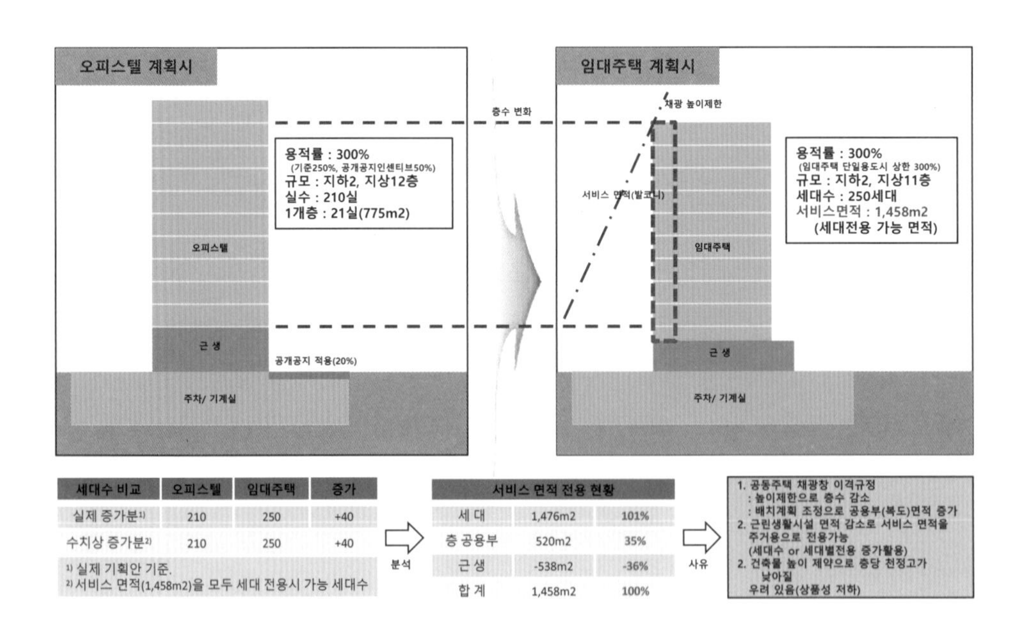

세대수 비교	오피스텔	임대주택	증가
실제 증가분[1]	210	250	+40
수치상 증가분[2]	210	250	+40

1) 실제 기획안 기준.
2) 서비스 면적(1,458m2)을 모두 세대 전용시 가능 세대수

서비스 면적 전용 현황		
세 대	1,476m2	101%
층 공용부	520m2	35%
근 생	-538m2	-36%
합 계	1,458m2	100%

2) 결과

준공업지역에서 민간임대주택법에서 정한 임대주택(공동주택)을 활용하여 건축 시 단위 세대가 증가하는 장점이 있다. 그러나 공동주택건축 시 지켜야 하는 일조 및 채광 방향 이격거리 준수로 인해 용적률 확보를 위해서는 건축면적을 키우고 층고를 낮춰야 하는 계획상 단점이 있다.

CHAPTER 6.

청년주택이란

1. 청년주택이란

청년주택은 서울시에서 청년층(대학생, 사회초년생, 신혼부부 등)의 주거안정을 도모하기 위해 대중교통 중심지역에 규제 완화와 개발을 통해 공급하는 임대주택을 말한다. 여기서 키는 용도지역을 상향시켜 주는 규제 완화이다. 제도 자체는 청년층 입장에서 본다면 매우 매력 있는 임대주택으로 생각된다. 그러나 만약 이 청년주택제도를 활용하여 사업을 하고자 하는 시행자라면 수익적인 측면에서 플러스가 되는지 따져보아야 할 것이다.

2. 청년주택 사업시행자 및 제안자

촉진지구 (부지면적 2천㎡ 이상)	촉진지구 외 (부지면적 2천㎡ 미만)
촉진기구에서 국 · 공유지 제외한 토지면적의 50% 이상을 소유한 임대사업자	지구단위계획 등 입안을 제안하는자

3. 청년주택 사업대상지

1) 역세권 기준

지구단위계획 구역으로서 지하철, 국철 및 경전철(개통 예정 역 포함) 등의 각 승강장 경계로부터 350m 이내의 지역이다.

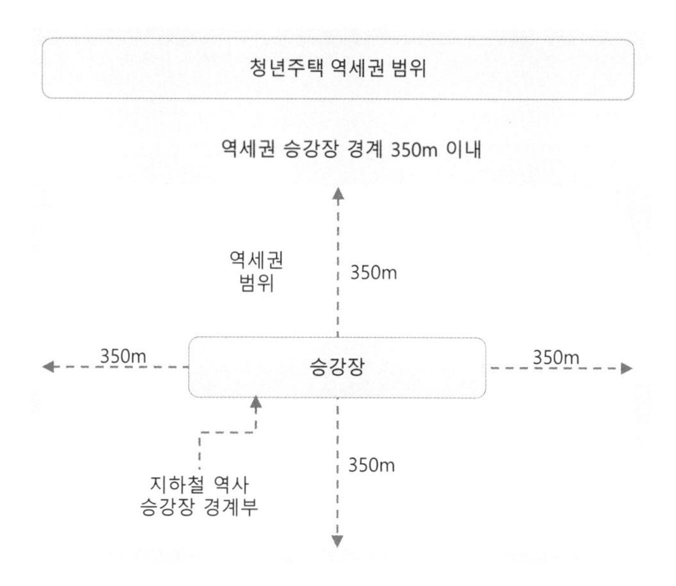

2) 사업대상지 요건

- 주거지역 중 전용주거지역, 제1종 일반주거지역을 제외한 지역을 제외한 지역으로 하되, 제2종 및 제3종 일반주거지역은 용도지역변경이 있을 경우만

해당

- 준공업지역, 일반 및 근린 상업지역

단, 사대문과 한양도성으로 둘러싸인 역사도심 내 역세권부지는 상업지역 중 일정 지역에서만 가능하다.

대상역	• 서울시 내 모든 지하철 등 역 ※ 예정역 포함 (민자사업 : 사업시행자 지정된 경우, 공공사업 : 사업계획 승인된 경우)
역세권 범위	• 지하철 역 등의 승강장 경계로부터 350m 이내 ※ 사업대상지가 역세권 범위에 ½ 이상 걸치는 경우 사업대상지로 인정
용도지역 등	• 제 2종 일반주거, 제 3종 일반주거, 준주거지역 • 일반 및 근린상업지역, 준공업지역 • 재정비촉진지구 내 존치지역 • 기타 시장이 임대주택 공급이 필요하다고 인정하는 지역 ※ 역사도심 내 상업지역에서는 '역사도심 기본계획' 범위내에서 사업추진 가능
대상지 규모	• 준주거지역으로 상향 시 500㎡ 이상 • 상업지역으로 상향 시 1,000㎡ 이상 • 용도지역 변경 없을 시 : 면적 제한 없음

4. 사업방식

청년주택은 건축법 11조에 따른 건축허가, 주택법 15조에 따른 사업계획승인에 의한 사업방식을 적용한다.

- 건축법에 따른 건축(용도변경 및 리모델링 포함)
- 주택법에 따른 주택건설사업

※ 조례개정으로 도시환경정비법에 의한 사업시행인가 방식은 제외됨

5. 사업추진 절차 및 총 소요 기간

1) 청년주택

(1) 촉진지구

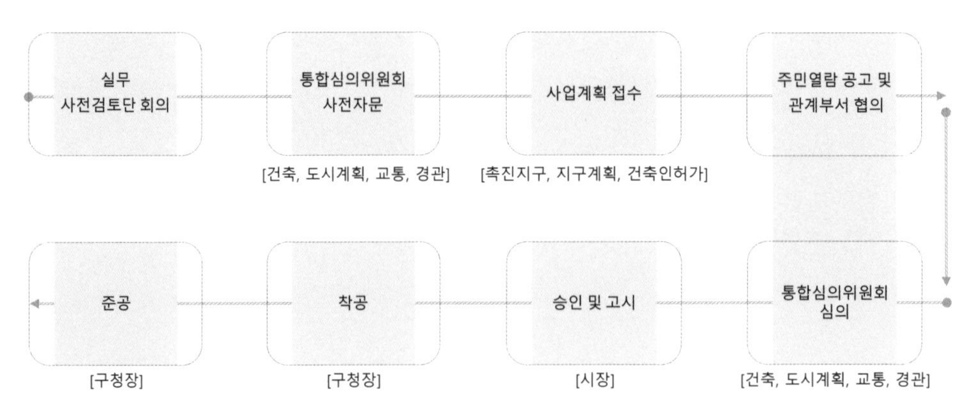

· 소요시간 : 사업접수 후 도시관리계획 결정고시까지 평균 6개월 정도 소요

(2) 촉진지구 외

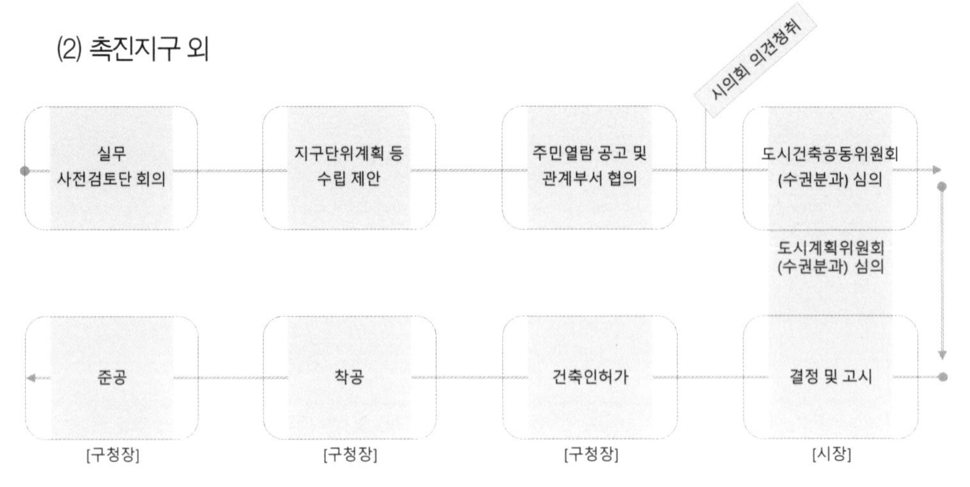

· 시의회 의견청취 및 도시계획위원회 심의 : 상업지역 상향 혹은 주요한 도시계획시설 변경 등 접수 시 진행
· 소요시간 : 사업접수 후 도시관리계획 결정고시까지 평균 6개월, 건축인 허가까지 평균 12개월 소요

2) 민간임대 주택법에 의한 촉진지구지정으로 사업진행 시 원안 절차는 다음과 같다

- 절차상 제안은 가능하나 지정권자 협의 시 구역지정이 안 될 수도 있음
- 도시관리계획 수립 절차가 여러 법에 따라 나뉘어져 있지만 그 주요 내용은 비슷함
- 지구지정부터 인허가완료까지 비도시지역의 경우 18개월 이상 소요 예상

==== 촉진지구 사업진행절차 ====

[촉진지구 지정 단계]

1) 지구지정 제안

(1) 제안자

– 민간시행자(사유지 1/2 소유 또는 동의)

– 공공기관 등

(2) 지정면적

– 도시지역 5천㎡ 이상

– 비도시지역 3만㎡ 이상(도시지역과 떨어진 지역 10만㎡)

2) 관계기관협의 및 의견 청취

(1) 별도협의

– 전략환경영향평가(환경부)

– 사전재해영향성검토(국민안전처)

(2) 그 외 필요시

– 농림부, 산림청장, 국방부, 문화재청 등 관련 기관

(3) 주민 및 전문가 의견 청취

3) 도시계획위원회의 심의

(1) 지정권자가 국토교통부장관인 경우

– 지구지정, GB해제 중도위 동시 진행

(2) 지정권자가 시 · 도지사인 경우

– 지구지정(시 · 도 도계위), GB해제(중도위)

※ 주거지역 내 소규모(10만㎡ 이하)는 도계위 심의 생략 가능

4) 촉진지구 지정 및 고시

(1) 지정권자

– 시 · 도지사, 국토교통부장관

(2) 시행자

– 토지소유자인 기업형임대사업자, 국 · 공유지 제외 토지면적의 1/2 이상 소유

[지구계획 승인 단계]

1) 지구계획 수립

- 계획수립 주체: 시행자
- 토지이용계획 등 지구계획 작성

2) 관계기관 협의

- 인허가 의제: 29개 사항 가능
- 의제 받으려면 관계 서류를 제출

3) 통합심의위원회 심의

(1) 도시계획위원회
(2) 국가교통위원회
(3) 교통영향분석 심의위원회
(4) 산지관리위원회
(5) 에너지사용계획 심의위원회
(6) 사진재해영향성검토위원회
(7) 학교보건위원회
(8) 경관위원회
(9) 건축위원회

4) 지구계획 승인

(1) 용도지역 변경 등 각종 인허가 의제
(2) 토지수용 가능(도지 면직 2/3 소유, 토지소유자 1/2 동의 필요)
(3) 보전산지 해제
(4) 수도정비기본계획 승인(30일 내)
(5) 하수도정비기본계획 승인(40일 내)

[사업 시행 단계]

1) 건설사업 승인

(1) 건폐율 · 용적률 · 층수 완화

(2) 복합개발 허용
– 판매시설 · 업무시설 및 기타 시설 건축 가능

(3) 주택사업계획 특례 추가
– 대지조경, 도시공원 및 녹지 확보, 주택건설기준 등 완화 기준 적용

2) 착공

해당 지역이 청년주택 촉진지구 사업지 요건에 해당된다면 청년주택 촉진지구 방안을 활용하는 것이 인허가 기간을 단축할 수 있는 점에서 유리하다. 앞서 민간임대주택법에서 정한 촉진지구 수행절차 각 단계를 한 번에 묶어서 통합인허가 절차를 수행하면 되기 때문이다.

6. 용도지역 변경 기준

1) 용도지역 상향 요건

<table>
<tr><th colspan="2">용 도 지 역</th><th colspan="2">변 경 기 준</th></tr>
<tr><th>변경전</th><th>변경후</th><th>면적기준</th><th>인접 및 도로기준</th></tr>
<tr><td rowspan="3">제 2,3종
일반주거지역</td><td rowspan="3">준주거지역</td><td rowspan="2">500㎡ 이상</td><td>준주거지역,
일반 또는 근린 상업지역과 인접</td></tr>
<tr><td>폭 20m 이상 간선도로변</td></tr>
<tr><td>2,000㎡ 이상</td><td>촉진지구 예외 적용</td></tr>
<tr><td rowspan="2">제 3종 일반주거지역,
준주거지역</td><td>공공기여량</td><td rowspan="4">1,000㎡ 이상</td><td>일반 또는 근린상업지역과 인접</td></tr>
<tr><td>공공기여율</td><td>노선상업지역 20% 이상
(관련위원회 자문 및 촉진지구 예외 적용)</td></tr>
<tr><td>제 2,3종 일반주거지역,
준주거지역</td><td>토지면적</td><td>일반 또는 근린상업지역이 있는 역세권,
폭 20m 이상 간선도로변</td></tr>
<tr><td>제 2종 일반주거지역</td><td>토지면적</td><td>일반 또는 근린상업지역과 직접
(관련 위원회 통해 인정)</td></tr>
</table>

2) 용도지역 상향을 위한 인접기준

- 일반 또는 근린상업지역이나 준주거지역에 바로 접한 경우
- 일반 또는 근린상업지역이나 준주거지역과 폭 20m 이하의 도로를 사이에 두고 접한 경우
- 노선상업지역이 포함된 대지의 경우 상업지역의 면적이 대지면적의 20% 이상일 경우

7. 용적률 적용 기준 및 공공기여율

청년주택 사업 적용 시 기존 지구단위계획이 수립된 용적률 체계에도 불구하고 별도 운영 기준에서 정한 청년주택 용적률 체계를 따른다.

1) 용도지역 변경이 있는 경우

(1) 용적률, 공공기여율 및 용도별 비율표

현재 용도지역		제2종 일반주거	제3종 일반주거	제2종 일반주거	제3종 일반주거	준 주거지역	제2종 일반주거	제3종 일반주거	준 주거지역
변경 용도지역		준주거지역		근린상업지역			일반상업지역		
기본 용적률		400%		540%			680%		
공공기여율		15%	10%	25%	20%	10%	30%	25%	20%
용도별 비율	주거	85% 이상		80% 이상 90% 이하					
	비주거	15% 이하 (가로변 비주거 설치 의무)		10% 이상 20% 이하 (가로변 비주거 설치 의무)					

· 공공기여율은 부지면적 기준, 공공임대주택으로 확보 (토지는 기부채납, 건축물은 표준건축비로 매입)

(2) 공공기여율 산정기준

가. 공공기여율은 부지면적이며, 공공임대주택으로 건설공급한다.

나. 공공시설 등이 일부 필요하다고 인정하는 경우 심의를 통해 일부 설치할 수 있다.

다. 주택의 공급가격은 공공주택 특별법 제50조의3제1항에 따른 공공건설임대주택의 분양전환가격 산정기준에서 정하는 건축비로 하고, 부속토지는 기부채납한 것으로 본다.

(3) 용도별 비율 산정기준

비주거 비율은 지상연면적 즉, 용적률 기준이다.

2) 용도지역 변경이 없을 경우

용도지역		준주거지역	준공업지역	근린상업지역			일반상업지역		
기본용적률 ()는 역사도심 내		500%	400%	600%	700%	800%	800% (600%)	900%	1000%
공공기여율 ()는 역사도심 내		6%	10-15%	8%	10%	12%	10% (8%)	12%	14%
용도별 비율	주거	85% 이상		80% 이상 90% 이하					
	비주거	15% 이하 (가로변 비주거 설치 의무)		10% 이상 20% 이하 (가로변 비주거 설치 의무)					

· 공공기여율은 부지면적 기준, 공공임대주택으로 확보 (토지는 기부채납, 건축물은 표준건축비로 매입)

〈용적률, 공공기여율 및 용도별 비율표〉

준공업지역의 경우 사업부지 내 공장 비율 10% 미만인 경우는 공공기여율 10% 이상, 공장 비율 10% 이상인 경우는 공공기여율 15% 이상이다. 공공기여율 15% 이상일 경우 그중 50%는 공공임대주택으로 나머지 50%는 임대산업시설로 확보를 우신 고려한다.

공공기여율 산정기준과 용도별 비율 산정기준은 용도지역 변경이 있는 경우와 같다.

8. 상한용적률 산정 기준
(서울시 청년주택 건립 및 운영 기준 참조)

1) 상한용적률 산정 기준

상한용적률은 민간임대주택법 제21조제2호에 따른 용적률 상한까지 완화할 수 있으며, 공공기여는 공공임대주택 건설 및 공급을 우선으로 한다. 이 경우 주택의 공급가격은 공공주택 특별법 제50조의3제1항에 따른 공공건설임대주택의 분양전환가격 산정기준에서 정하는 건축비로 하고, 그 부속토지는 기부채납한 것으로 본다. 다만, 공공시설 등이 일부 필요하다고 인정되는 경우 관련 위원회의 자문 또는 심의를 거쳐 공공시설 등을 일부 설치, 제공할 수 있다.

2) 상한용적률 산정 예시

(1) 공공임대주택 기부채납 시 상한용적률

- 부지면적: 5,000㎡
- 용도지역: 제3종일반주거지역 → 준주거지역
- 공공임대주택 제공에 따른 상한용적률

기본 용적률	상한 용적률 (공공임대주택 제공)
400 %	500 %

· 상한용적률은 관련위원회 심의를 통해 결정

– 완화용적률, 공공기여 및 공공임대주택

구 분		산 정 예 시
완화 용적률		100% (= 500% - 400%)
공공기여		50% (= 100% x ½)
공공임대주택	용적률 산정용 연면적	2,500㎡ (= 5,000 x 0.5)
	세대별 지상층 연면적	25㎡/세대
	세대수	100세대 (= 2,500㎡ ÷ 25㎡)

· 공공임대주택 세대수는 용적률산정용 연면적을 세대별 지상층 연면적으로 나눈 값으로 산정

(2) 공공시설 등 기부채납 시 상한용적률

구 분	산 정 기 준
상한 용적률 산정식	상한 용적률 산정식 : 기본 용적률 x [1 + (1.3 x 가중치 x α토지) + (0.7 x α현금·건축물)] • 가중치 : 사업부지 용적률에 대한 공공시설 등 부지의 해당 용적률 • A토지 : 공공시설 등 부지(토지) 제공 후의 대지면적 대 공공시설 등 부지(토지) 제공 면적 비율 ※ 공공시설 등 부지(토지) '기부채납 부지' 및'건축물 기부채납 토지 지분' 포함 • A현금·건축물 : 공공시설 등 부지(토지) 제공 후의 대지면적 대 공공시설 등 부지(현금 및 건축물 설치비용 환산 부지) 제공 면적 비율 ※ 환산 부지 면적 (㎡) = 공공시설 등 설치비용(원) + 현금기부채납비용(원) / 용적률을 완화 받고자 하는 부지가액(원/㎡) ※ 공공시설 등 부지 제공 면적(기존 건축물 기부채납 시) = 공공시설 등 부지 제공 면적 x 공공시설 등 제공 부지의 부지가액 / 용적률을 완화 받는 부지의 부지가액 ※ 2개 이상의 용도지역인 경우에는 면적대비 가중 평균한 용적률

(3) 현금납부 예시

– 대상지: 3,000㎡

– 용도지역: 제3종일반주거지역 → 준주거지역

– 기본용적률 및 상한용적률 부여에 따른 공공기여량 산정

기본 용적률	상한 용적률 (공공임대주택 제공)
400 %	450 %

· 상한용적률은 관련위원회 심의를 통해 결정

– 현금납부 기준

구 분		산 출 근 거
기본용적률 공공기여	공공기여율	부지면적의 10%
	토지면적	300㎡ (= 3,000 x 0.1)
상한용적률 공공기여	완화용적률	50% (- 450% - 400%)
	공공기여량	25% (= 50% x ½)
	공공기여율	5.56% (= 25% / 450%)
	토지면적	168㎡ (= 3,000㎡ x 0.056)
공공기여 총량 (토지면적)		468㎡ (= 300㎡ + 168㎡)
현금납부	감정평가액	6,000,000원/㎡
	납부액	2,808,000,000원

9. 건축계획 시 주요 사항

1) 최고높이

가로활성화를 위해 지상 1층 가로변에는 비주거 용도를 설치한다. 가로구역별 최고높이나 지구단위계획에 결정되어 있는 최고높이사항은 심의를 통해 완화할 수 있으나, 용도지역 변경 시 사업대상지 이면부에 3종일반주거지역 이하의 저층 주거지가 있는 경우에는 일조 및 경관 등 부영향 저감 방안 대책이 필요하다. 주의해야 할 부분이다. 만약, 상업지역으로 용도지역이 상향된 청년주택 사업지일지라도 법규상으로는 일조 및 채광이격거리를 준수하지 않아도 되나, 건축물 높이에 대한 부영향 저감대책을 고려해야 한다.

2) 진입도로 폭은 주택건설기준 등에 관한 규정과 건축법 준수

3) 세대당 전용 면적 기준

- 공공임대주택: 전용 45㎡ 이하
- 민간임대주택: 전용 60㎡ 이하

4) 주차 대수 완화(원룸형 시)

(1) 상업지역인 경우

- 전용 30㎡ 이하: 0.25대/세대
- 전용 30~50㎡ 이하: 0.3대/세대

(2) 상업지역 이외의 지역

- 전용 30㎡ 이하: 0.35대/세대
- 전용 30~50㎡ 이하: 0.4대/세대

단, 준주거 및 상업지역에서 기계식 주차도입 시 전체 주차 대수가 120대 이상일 경우 그중 2분의 1 이상은 자주식으로 설치한다.

5) 주택건설기준 등에 관한 규정에 따른 주민공동이용시설 설치 준수

의무설치대상이 아닌 규모인 경우에도 100㎡ 이상의 주민 커뮤니티시설을 설치한다.

CHAPTER 7.

둘 이상 용도지역에서 청년주택 기획 사례

1. 대지 현황 분석

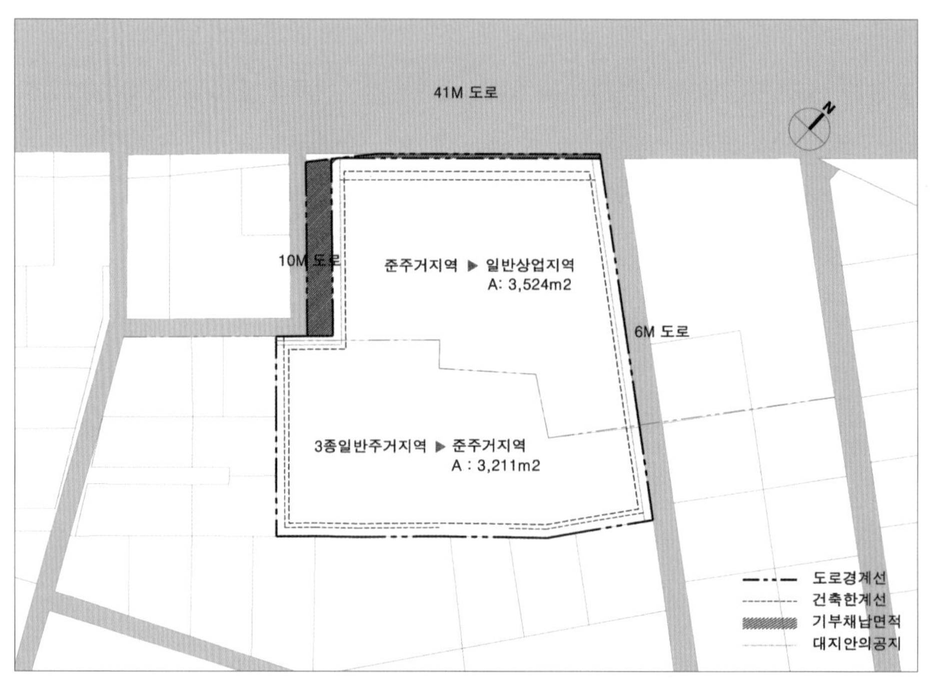

〈서울시 마포구 일대 청년주택〉

구역면적: 6,735.9㎡

도시기반시설 면적: 299.05㎡

대지면적: 6,436.85㎡

일반상업지역: 3,225.75㎡

준주거지역: 3,211.1㎡

국토계획법 등에 따른 지역지구: 일반상업지역(변경), 준주거지역(변경), 중심미관지구, 지구단위계획구역

1) 청년주택 사업대상지 분석

본 대지는 일단 청년주택 사업대상지 선정에 20m 이상 도로에 위치한 전철역 승강로에서 반경 350m 내에 들어오기 때문에 청년주택사업을 시행할 수 있는 대지 요건은 충족한다.

그리고 인접대지 기준에 의해 일반상업지역에 인접하고 있기 때문에 준주거지역은 일반상업지역으로, 2종일반주거 지역은 준주거지역으로 용도지역 상향이 가능하다.

2) 사업추진 절차 분석

사업대상지 요건충족+대지면적 5,000㎡ 이상이기 때문에 인허가 기간 단축을 위해 촉진지구 지정을 받아 추진하는 절차를 적용한다.

3) 지구단위계획상 내용 확인

기존 지구단위계획 내용 중 전면공지(차도형, 보도형)을 반영하여 건축한계선을 설정한다(2~5m). 차량 진출입 제한구역으로 전면 41m 도로로는 진 · 출입이 불가능하다. 주택사업계획 승인을 받는 공동주택을 건립예정이므로, 주택건설기준 등에 관한 규정을 준수하여 건립세대에 따른 진입도록 폭 확보를 고려해야 한다. 따라서 대지의 서쪽 현재 4m 도로가 있는 쪽으로 진입도로를 형성하기 위해 6m 폭을 확충하여 기부채납을 예상하였다.(차도형 전면공지 추가 활용 예상)

4) 용도지역이 둘 이상 걸치는 대지에 관한 사항

국토계획법에 의하면 노선상업지역 외의 지역에서 하나의 대지에 2 이상의 용도지역이 걸치는 경우 작은 대지의 면적이 330㎡를 초과하면 건폐율과 용적률에서 각각의 용도지역 기준을 적용해야 한다. 그리고 건폐율과 용적률 외의 사항(그 밖의 건축제한 등에 관한 사항)에 관해서도 각각의 지역지구 또는 구역안의 규정을 적용한다. 만약, 작은 대지의 면적이 330㎡ 이하이면, 건폐율과 용적률은 가중평균하고, 그 밖의 건축제한등에 관한 사항은 대지의 과반이 속하는 지역지구 또는 구역 안의 규정을 적용한다.

일조와 채광 이격거리 규정에 있어서 용도지역 상향후의 규정을 적용한다. 일반상업지역은 일조와 채광규정 모두 적용 예외되며, 준주거지역은 채광에 대해서만 이격거리를 적용한다.

2. 용적률 적용 기준 정리

본 대지에 적용할 용적률 체계는 다음의 표와 같다.

현재 용도지역	제2종 일반주거	제3종 일반주거	제2종 일반주거	제3종 일반주거	준주거지역	제2종 일반주거	제3종 일반주거	준주거지역
변경 용도지역	준주거지역		근린상업지역			일반상업지역		
기본용적률	400%		540%			680%		
공공기여율	15%	10%	25%	20%	10%	30%	25%	20%

1) 일반상업지역(변경)

- 공공기여율: 20% 이상 적용
- 비주거비율: 10% 이상 적용
- 기본 용적률: 680% 이하 적용

2) 준주거지역(변경)

- 공공기여율: 15% 이상 적용
- 비주거비율: 1층 부위 적용
- 기본 용적률: 400% 이하 적용

참고로 청년주택 사업구도로 하지 않고 해당 지구단위계획 지침 내용 준수 시, 준주거지역 허용용적률은 350%, 2종일반지역 허용용적률은 200% 이하인 대지로 규모상 크게 축소되게 된다.

3. 상한용적률 산식 검토

1) 일반상업지역(기존 준주거지역)

1) 공공기여율(20%)	3,524.80㎡	×20%	705㎡
: 공공임대주택 비율	18.16%	→ 대지지분(계약)	585㎡
		→ 부족분	120㎡
2) 기부채납(도로)			299.05㎡
3) 커뮤니티시설 기부채납			
- 연면적	0.00㎡	→ 대지지분	0㎡
- 환산부지면적=	공공시설설비비용/부지가액		
- 공공시설설치비용=	연면적×표준건축비=		0㎡
	가이드라인기준 공공업무사무소 표준건축비		₩2,267,000
- 부지가액=	공시지가×2=	8,629,000×2=	₩17,258,000
→ 환산부지면적=	0/17,258,000		0㎡
4) 환산부지면적+대지지분			0㎡
5) 총제공면적=기부채납(도로)+환산부지면적+대지지분-부족분			179.05㎡
6) 상한용적률: 기본용적률×(1+1.3×가중치×α)			
- 기본용적률=			680%
- 가중치=	총 제공면적 용적률÷사업부지 용적률		0.5882%
- 총 제공면적 용적률=	(각제공면적×용적률의 합)÷총제공면적		400%
- 상업지역 제공면적	0.00㎡	- 준주거지역 제공면적	179.05
- 상업지역 용적률	680%	- 준주거지역 용적률	400%
- α=	총제공면적÷(구역면적-총제공면적)		0.0535
→ 상한용적률=680×(1+1.3×가중치×α)			707.81%

2) 준주거지역(기존 2종일반주거지역)

준주거지역은 기반시설을 미적용하고, 근린생활시설 연면적을 최소화하여 공공임대주택으로만 공공기여비율 15%를 달성할 수 있도록 계획한다.

1) 공공기여율(15%)	3,211.10㎡	×15%	482㎡
- 공공임대주택 비율	15.10%	→ 대지지분	484㎡
		→ 부족분	0㎡
2) 기부채납			0.00㎡
3) 커뮤니티시설 기부채설			
- 연면적	0.00㎡	→ 대지지분	0㎡
- 환산부지면적=	공공시설설비비용÷부지가액		
- 공공시설설치비용=	연면적×표준건축비=		0㎡
	가이드라인기준 공공업무사무소 표준건축비		₩2,267,000
- 부지가액 =	공시지가×2=	8,629,000×2=	₩17,258,000
→ 환산부지면적=	0÷17,258,000		0㎡
4) 환산부지면적+대지지분			0㎡
5) 총제공면적=기부채납(도로)+환산부지면적+대지지분-부족분			0.00㎡
6) 상한용적률: 기본용적률×(1+1.3×가중치×α)			
- 기본용적률=			400%
- 가중치=	총제공면적 용적률÷사업부지용적률		1
- α=	총제공면적/(구역면적-총제공면적)		0.0000
→ 상한용적률=400×(1+1.3×가중치×α)			400.00%

4. 법규 검토

청년주택 사업 적용 시의 용적률이나 건폐율 등 주요 사항에 대해서는 앞서 정리하였다. 그 밖에 규모검토와 인허가 기간 검토 시 필요한 법령을 크로스체크한다.

1) 규모 검토 시 확인 법규 및 주요 사항

(1) 건축법

건축물의 피난시설(피난 계단, 비상승강기 등), 대지 내 공지, 공개공지, 최고높이

(2) 주택법

사업계획승인 대상 주택의 부대시설, 공용부 시설

(3) 지구단위계획

대지개발 조건, 건폐율, 용적률, 용도, 높이, 대지 내 공지, 결정도 계획 확인

(4) 주차장 조례

주차 대수

2) 인허가 기간 검토 시 확인 법규 및 주요 사항

촉진지구 사업추진 절차를 통해 진행하기 때문에 지구지정 및 사업계획 승인에 필요한 대부분의 위원회 심의는 통합심의로 진행된다. 또한 통합심의 접수 시 사업계획승인 접수도 같이할 수 있다. 청년주택 통합심의위원회에서 심의하는 사안은 앞서 정리한 민간임대주택법 촉진지구 절차 중 지구지정과 지구계획 승인 시의 심의 등 내용과 동일하다.

관계법령에 의한 명칭을 재정리해 보면 아래와 같다.

각종 평가, 검토, 심의 등 수행해야 하는 절차가 생겨난 모법을 알아두는 것은 중요하다.

- 국토의 계획 및 이용에 관한 법률에 따른 도 · 시 · 군관리계획 관련사항
- 대도시권 광역교통 관리에 관한 특별법에 따른 광역교통개선대책
- 도시교통정비 촉진법에 따른 교통영향평가
- 산지관리법에 따라 촉진지구에 속한 산지의 이용 계획
- 에너지이용 합리화법에 따른 에너지 사용 계획
- 자연재해대책법에 따른 사전재해영향성 검토
- 학교보건법에 따른 교육환경에 대한 평가
- 경관법에 따른 사전경관 계획
- 건축법에 따른 건축심의
- 환경영향평가법에 따른 전략환경영향평가, 환경영향평가

5. 인허가 기간

1) 촉진지구 사업추진 시

- 계획도서 작성(3개월) 및 청년주택사업신청 → 지구지정 및 지구계획 통합심의 및 사업계획승인(5개월) → 감리자모집공고 및 계약(1.5개월): Total 9.5개월

통합심의에 필요한 완성도 있는 도서 준비 기간이 현실적으로 필요하다. 각종 심의들이 통합으로 준비되어야 하고 사업계획 승인까지 한 번에 이루어져야 하기 때문이다.

6. 계획 및 건축개요

먼저 용도지역이 다른 두 개 필지를 하나의 대지로 건축하기 때문에 별동으로 나누어 계획을 고려한다. 지상을 합쳐서 1개의 동으로 구성할 수도 있으나, 용적률 및 건폐율 계산이 쉽지 않기 때문에 본 대지와 같이 대지면적규모가 큰 사업지에서는 지상층에서 별동으로 구성하는 것이 좋다. 확폭된 진입도로를 계획하고, 사업성을 고려하여 도로변에 면하게 1층부 근린생활시설을 되도록 배치한다.

1) 상품 구성

공동주택 아파트의 Unit은 전용면적 6평 이내로 구성한다(폭은 최소 안목기준 3.1m 이상은 되도록 한다). 주용도는 공동주택 중 아파트이며, 세부적으로 들어가면 299세대까지는 원룸형 도시형생활주택 아파트와 초과분의 일반 공동주택 아파트로 나뉠 수 있다. 원룸형 아파트는 주차 기준과 주민공동시설 설치 의무면적에서 완화받을 수 있기 때문에 적용한다.

주의할 점은 일반상업지역과 준주거지역에 한해서만 원룸형 도시형생활주택과 그 밖의 주택을 같은 건축물에 지을 수 있다는 점이다.

(1) 주민공동시설 세대수당 면적 기준

- 주택건설 기준에 관한 규정 → 100세대 이상 1000세대 미만: 세대수×2.5㎡
- 서울시 주택 조례 → 100세대 이상 1000세대 미만: 세대수×2.5㎡×1.25

(2) 주민공동시설 포함 시설 기준

가. 150세대 이싱: 경로딩, 어린이놀이터

나. 300세대 이상: 경로당, 어린이놀이터, 어린이집

다. 500세대 이상: 경로당, 어린이놀이터, 어린이집, 주민운동시설, 작은도서관

(3) 서울시 주택조례 세부 면적 기준

[서울시 주택조례 별표 1] 필수 주민공동시설 세부 면적 기준			
세대수	경로당	어린이집	작은도서관
150~300	50+세대수×0.1	-	
300~500	155㎡ 이상	198㎡ 이상	108㎡ 이상
500~1000	225㎡ 이상	330㎡ 이상	158㎡ 이상
1000~1500	375㎡ 이상	580㎡ 이상	203㎡ 이상
1500~	500㎡ 이상	725㎡ 이상	298㎡ 이상
도서관법 시행령 [별표 1]에 따라 면적에 현관·휴게실·복도·화장실 및 식당 등의 면적은 포함되지 아니한다.			

2) 주동배치

배치에 있어서 중요 사항은 준주거지역의 채광이격거리 준수이다. 인접대지경계에서 주거부분 GL을 기준으로 1:4의 기울기가 그려지는 사선을 건축물 높이가 초과할 수 없다. 따라서 최대한 1개 기준층에 세대수를 많이 배치해야 하는 상황이 발생한다.

3) 건축물 높이 및 층수계획

현재 지구단위계획의 최고높이 제한사항은 일반상업지역 80m, 준주거지역

60m, 2종일반주거지역은 30m이다. 가로구역별 최고높이, 현재 지구단위계획상의 최고높이 등이 고려되어 해당 청년주택 사업지의 최고높이가 결정될 것이다.

일반상업지역은 계획높이가 제약될 가능성은 적다. 그러나 준주거지역은 인접한 저층부 주거지역의 일조 및 채광과 관련한 부영향 저감 대책을 고려해야 한다.

4) 기계식 주차

단위 유닛이 작기 때문에 세대당 주차 대수를 완화받는다 할지라도 산정되는 법정 주차 대수 설치를 위한 면적을 무시하지는 못한다. 따라서 20%대의 기계식 주차를 고려한다. 일반상업지역과 준주거지역에서는 주택사업계획승인대상 공동주택 건축 시에도 원룸형 주택에 한해 기계식 주차장 설치가 허용된다. 또한 전체 주차 대수 120대 이상일 경우, 기계식 주차 대수는 전체 대수의 2분의 1을 넘지 못하니 적절한 비율을 산정해야한다.

5) 일반상업지역 건축개요

- 계획 층수: 지하 4층, 지상 21층
- 상품 구성: 지하 주차장, 지상 1~2층 근린생활시설, 지상 3~21층 공동주택
- 계획 용적률: 705.6%(상한 707.8%)
- 계획 높이: 65.4m(1층 4.5m / 2층 6.3m / 기준층 2.8m)
- 지상층 연면적: 22,761㎡
- 계획 세대수: 684세대

6) 준주거지역 건축개요

- 계획 층수: 지하 4층, 지상 9층
- 상품 구성: 지하 주차장, 지상 1층 근린생활시설 및 주민공동시설, 지상 2~9층 공동주택
- 계획 용적률: 367.5%(상한 400%)
- 계획 높이: 29.4m(1층 6.3m / 기준층 2.8m)
- 지상층 연면적: 11,801㎡
- 계획 세대수: 377세대

※ 기본용적률인 400%를 달성하기 어려울 것으로 예상된다.

7) 일반상업지역+준주거지역 건축개요

- 계획 층수: 지하 4층, 지상 21층
- 상품 구성: 지하 주차장 및 주민공동시설, 지상 1~2층 근린생활시설 및 주민공동시설, 지상 2~21층 공동주택
- 계획 용적률: 536.9%(상한 554.2%: 대지면적비로 안분한 용적률로 큰 의미는 없다)
- 계획 높이: 65.4m(1층 4.5m / 2층 6.3m / 기준층 2.8m)
- 전체 연면적: 55,892.9㎡
- 전체 세대수: 1,061세대
- 주민공동시설 면적: 2,520㎡

: (1061세대−299세대)×2.5㎡×1.25 이상 고려

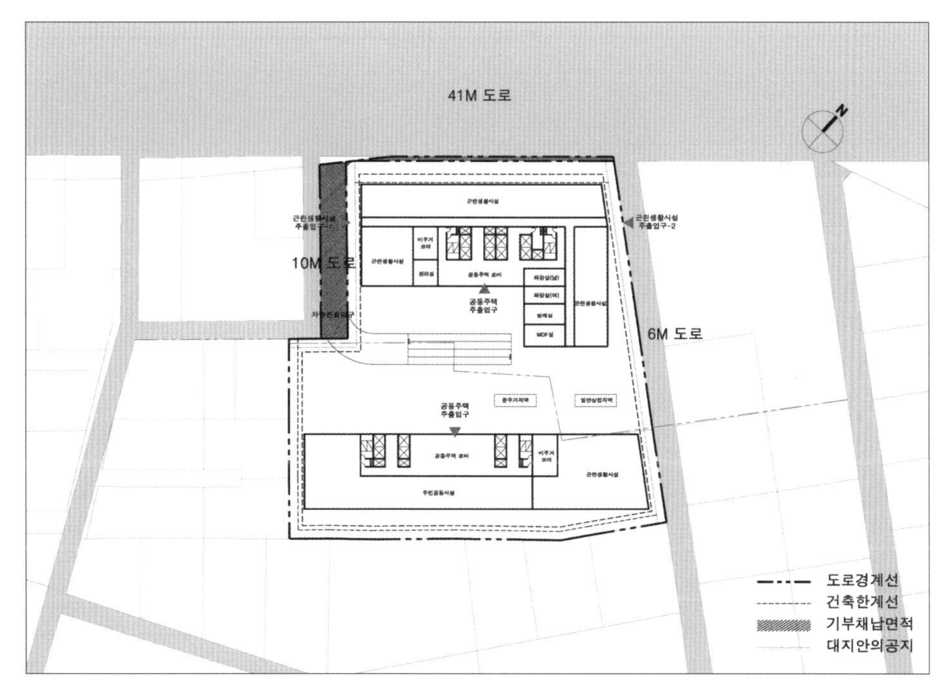
41M 도로
10M 도로
6M 도로
공동주택
주출입구
공동주택
주출입구
도로경계선
건축한계선
기부채납면적
대지안의공지

〈1층〉

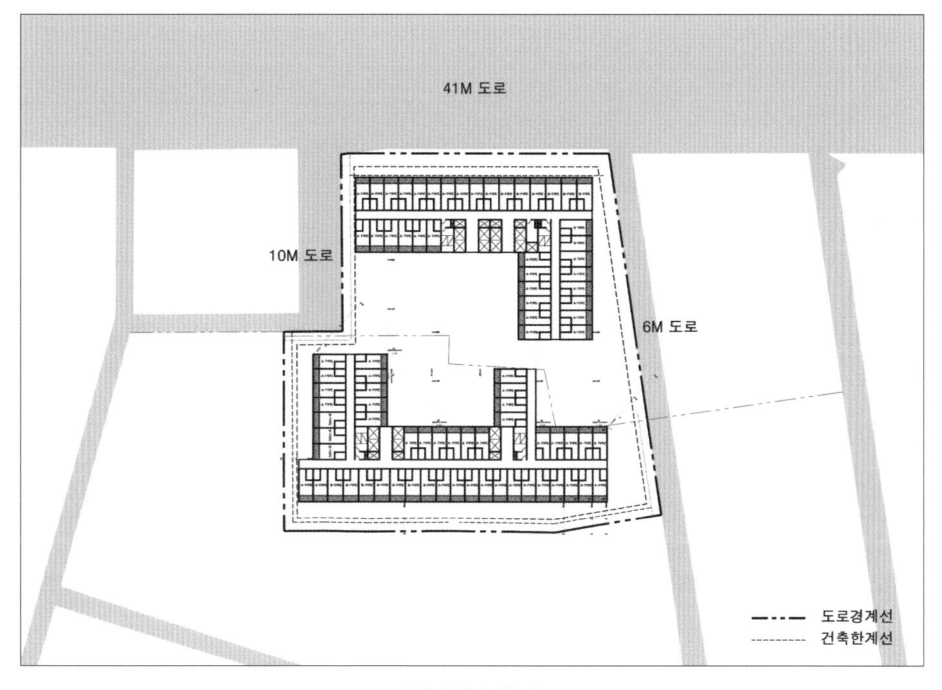
41M 도로
10M 도로
6M 도로
도로경계선
건축한계선

〈이격거리 확인〉

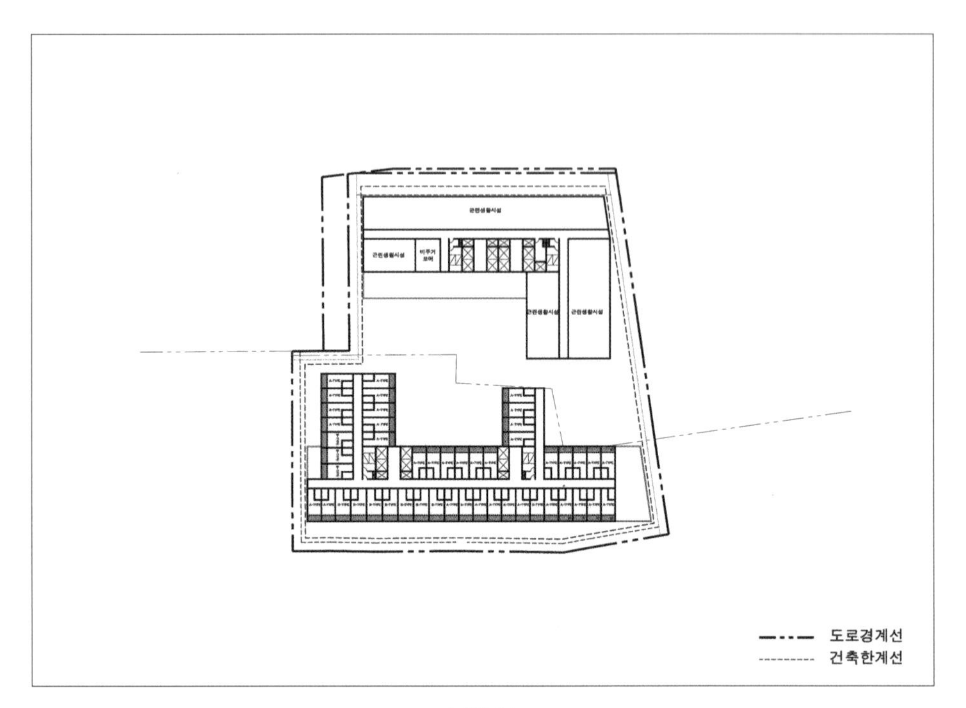

〈기준층〉

CHAPTER 8.

노선상업지역에서 주거복합 기획 사례

1. 대지 현황 분석

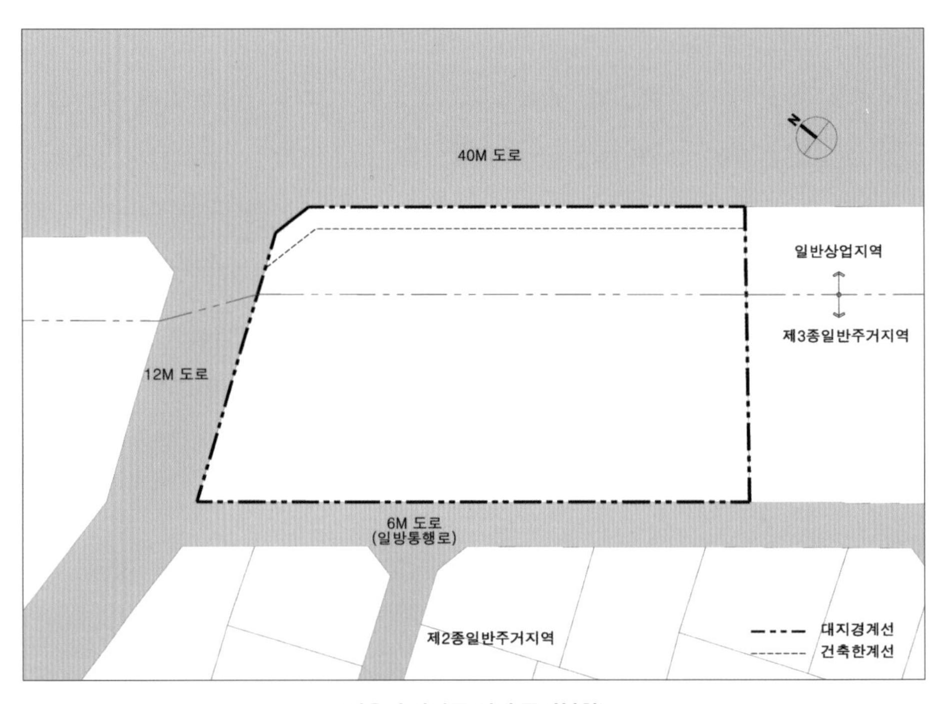

〈서울시 강남구 일대 주거복합〉

대지면적: 2,846.2㎡
일반상업지역: 7,86.11㎡
3종 일반주거지역: 2,060.09㎡
국토계획법 등에 따른 지역지구: 일반상업지역, 3종일반주거지역, 중심미관지구, 부설주차장 설치제한구역

서울시에서 자주 볼 수 있는 대로변 노선상업지역이다. 우선 국토계획법에 의한 건폐율 및 용적률에 관해 적용사항을 확인한다. 상업지역에 주거복합을 기획하기 때문에 서울시 도시계획 조례 별표 3(일반상업지역에서 주거복합을 건축 시 용적률 및 비주거비율 제한)을 크로스체크한다.

1) 둘 이상의 용도지역에 걸치는 대지에 대한 적용 기준 확인

하나의 대지가 둘 이상의 용도지역, 용도지구 또는 용도구역에 걸치는 경우로 각 용도지역 등에 걸치는 부분 중 가장 작은 부분의 규모가 330㎡ 이하(다만, 도로변에 띠 모양으로 지정된 상업지역에 걸쳐 있는 대지의 경우에는 660㎡ 이하)인 경우에는 전체 대지의 건폐율 및 용적률은 각 부분이 전체 대지면적에서 차지하는 비율을 고려하여 가중평균한 값을 적용하고, 그 밖의 건축 제한 등에 관한 사항은 그 대지 중 가장 넓은 면적이 속하는 용도지역 등에 관한 규정을 적용한다.(국토계획법 84조)

법령에 따라 본 대지는 둘 이상 용도지역에 걸쳐 있고 그중 작은 부분이 660㎡(띠 모양=노선상업지역)를 초과하기 때문에 건폐율과 용적률 적용에 있어서 가중평균하지 않고 일반상업지역과 준주거지역의 기준을 각각 적용한다.

그러나 미관지구, 고도지구, 방화지구에서는 건축물이 해당 지구에 걸칠 경우 전체 건축물에 대해 미관지구, 고도지구, 방화지구 안에서의 행위제한을 적용하고 있으니 주의해야 한다.

2) 서울시 도시계획조례상 상업지역에서 주거복합 건축 시 용적률 기준 확인

(1) 원칙(도시계획조례 별표 3)

가. 상업지역 내에서 주거복합건물의 주거 외 용도비율제한

주거용 외의 용도로 사용되는 부분의 면적은 전체 연면적의 20% 이상으로 한다. 주거용 외의 용도비율에서 주택법 시행령 제4조에 따른 준주택(오피스텔 등)은 제외한다. 원래의 순수비주거 의무비율은 30%였으나, 2019년 3월 개정되어 3

년간 한시적으로 20%로 변경되었다.

나. 상업지역 내에서 주거복합건물의 용적률 제한
- 주거용으로 사용되는 용적률(주거용 부대시설 포함)은 400% 이하로 한다.
- 민간임대주택 추가 확보 시(증가하는 용적률의 2분의 1에 해당하는 용적률) 주거용으로 사용되는 용적률은 600% 이하로 한다.

다. 상기사항에도 불구하고 적용의 예외를 두고 있으나, 심의를 통과해야 한다.

(2) 적용

본 대지에서는 일반상업지역 부분만 도시계획조례 별표 3 내용을 적용한다. 법 내용을 다시 정리하면 전체연면적의 20% 이상을 주택 및 준주택 외의 시설용도를 도입하는 것과, 주택의 용적률은 400% 이하로 하라는 기준을 동시에 충족해야 한다. 기본용적률이 800%인 일반상업지역에서 주거복합을 지을 때 전체 연면적의 20%를 근린생활시설 용도로 적용하고, 공동주택을 용적률의 400%까지 계획 후 남는 용적률의 연면적만큼은 준주택, 즉 오피스텔을 계획한다.

2. 법규 검토

지구단위계획구역이 아닌 지역이어서 그만큼 검토할 사항이 줄어든다. 건축규모 및 제약에 관한 사항을 위해 본대지에서는 아래 법규를 확인한다.

1) 규모 검토 시 확인 법규 및 주요 사항

(1) 도시계획 조례

건폐율, 용적률, 건축가능용도, 지구단위계획 수립의무대상

(2) 주택법

사업계획승인대상 판단, 부대시설 적용 여부

(3) 건축법

건축물의 피난시설(피난 계단, 비상승강기 등), 대지 내 공지, 공개공지, 최고높이

(4) 주차장 조례

주차 대수

2) 인허가 기간 검토 시 확인 법규 및 주요 사항

(1) 서울시 교통영향분석 및 개선대책에 관한 조례

교평심의 대상 확인

(2) 건축법

건축심의, 특수구조건축물 구조안전심의

(3) 주택법

사업계획 승인 대상 시 인허가 기간 추가 고려

(4) 서울시 환경영향평가 조례

환경영향평가 해당 여부 확인(Brief Check 연면적 10만㎡ 이상)

(5) 자연재해대책법

사전재해영향성 검토 확인(Brief Check 대지면적 5천㎡ 이상)

(6) 서울시 빛공해 방지 및 좋은빛 형성 관련 조례

빛공해 심의(Brief Check 5층 이상의 건축물)

(7) 경관법

경관심의(Brief Check 16층 이상 건축물, 중점경관관리구역 5층 이상 건축물)

(8) 교육환경보호에 관한 법률

교육환경평가(Brief Check 21층 이상 건축물: 주요 사항은 일조임)

(9) 지하안전관리에 관한 특별법

지하안전영향평가(소규모: 지하 10~20m 미만 / 정식: 지하 20m 이상)

(10) 기타 자치구 건축위원회 심의 또는 자문대상 확인

3) 주요 용도, 규모, 기타 건축법적 검토 사항 정리

항목	내용	비고
지역지구	일반상업지역/제3종일반주거지역 / 중심지미관지구	국토의 계획 및 이용에 관한 법률
건축물의 용도	도시형생활주택 / 판매시설	서울시 도시계획조례 제30조
용적률	기준 : 주거 250% / 상업 800% 이하 평균 : 401.91% 이하	서울시 도시계획조례 제55조
건폐율	기준 : 주거 50% / 상업 60% 이하 평균 : 52.76% 이하	서울시 도시계획조례 제54조
높이제한	35층 이하 (가로구역별 건축물 높이 지정)	서울시 건축조례 제33조
대지안의 조경	대지면적의 15%이상 (연면적 2,000㎡이상)	서울시 건축조례 제24조
대지안의 공지	판매시설 : 건축선 3m / 인접대지경계선 : 1.5m 공동주택 : 건축선 3m / 인접대지경계선 : 3.0m	서울시 건축조례 제30조
공개공지	대지면적의 5%이상 설치	서울시 건축조례 제26조
건축물의 피난시설	공동주택(층당 4세대 이하인 것은 제외) 행당용도로 쓰는 거실 바닥면적 300㎡ 이상 경우 직통계단 2개소 이상 설치	건축법 49조 건축법 시행령 34조
피난계단의 설치	지하2층, 지상 5층 이상은 피난계단 설치	건축법 49조 건축법 시행령 35조
계단 및 복도의 설치	비로 위층의 거실 바닥면적의 합계가 200㎡이상 거실의 바닥면적이 100㎡이상인 지하층 : 120m 이상	건축법 49조 건축법 시행령 48조
비상용 승강기의 설치	높이 31미터를 넘는 각 층의 바닥면적 중 최대 바닥면적이 1천500제곱미터 이하 : 1대	건축법 49조 건축법 시행령 90조
주차장설치기준	도시형생활주택 :진용면적 30제곱미터이하 – 세대당 0.5대이상 :전용면적 50제곱미터이하 – 세대당 0.6대이상 판매시설 : 1대/시설면적 200㎡ (주차상한제 적용)	서울시 주차장설치 및 관리조례 제20조, 제21조

혼동하기 쉬운 사항 → 둘 이상 용도지역 시 부설주차장 설치제한 기준 관련

본 대지는 3종일반주거지역이 대지의 과반을 넘어 있다. 부설주차장 설치제한 구역은 주차장법에 따라 상업지역 또는 준주거에 설치하는 구역이다. 서울시 주차장 설치 조례에 따라 대지면적의 과반 이상에 해당하는 용도지역의 기준을 적용하는 것이 원칙이다. 따라서 판매시설의 주차 대수 산정에 있어서 상한제를 적용하지 않고 시설면적 100㎡당 1대의 원래 기준을 적용해야 한다.

4) 지구단위계획 수립 의무대상 기준

(1) 기준

서울시에서 주택사업계획승인 대상 또는 건축법에 따른 건축허가 대상인 아파트를 건축하고자 하는 경우 의무 수립 대상이다. 그리고 지구단위계획구역을 지정할 때 그 구역의 건축물이 규칙에서 정한 노후건축물 기준에 적합해야 한다. 다시 말해 지구단위계획 수립 대상인 아파트를 건축하고자 하더라도 노후건축물 기준에 적합하지 않으면 안 된다. 예를 들어 준주거지역 내 단일필지에 30세대 이상 아파트를 건축하고자 한다면 해당 대지에 기존건축물이 노후건축물인지를 확인해야 한다. 이것은 기획검토 시 짧은 시간 내에 파악하는 것이 쉽지 않다. 따라서 사업시행자에게 문의하거나 또는 별도 용역을 통해서 파악해 보아야 한다. 노후건축물 기준은 서울시의 경우 도시계획 규칙과 도시환경정비 조례에 세부 기준이 나와 있다.

(2) 예외

가. 건립 예정 세대수가 30세대 미만인 경우

나. 사업부지 면적이 5,000㎡ 미만이고 건립예정 세대수가 100세대(도시형생활주택 150세대) 미만인 경우로 다음 중 어느 하나에 해당하는 경우

- 사업부지가 건축물이 없는 나대지인 경우
- 사업부지 내 기존 건축물이 규칙에서 정한 노후건축물 기준에 적합한 경우

(3) 적용

일단, 본 대지는 건축 규모가 충족된다면 지구단위계획을 수립해야 한다. 그러나 지구단위계획 수립 시 서울시 지구단위계획 수립 기준에 의해 용적률 체계가 바뀌기 때문에, 지구단위계획 수립 관련 예외조항을 활용할 수 있도록 한다.

5) 주택사업계획승인 대상 기준

(1) 기준

- 단독주택 30호 이상, 공동주택 30세대 이상 건설
- 일반상업지역 또는 준주거지역에서 300세대 이상의 주택과 주택 외의 시설을 건축물로 건축하는 경우 흔히 말하는 주거복합이다.

(2) 적용

3종일반주거 지역의 면적이 크기 때문에 주택사업계획 승인 대상이다. 기타 사항으로 도시형생활주택으로 계획할 것이기 때문에 주택건설기준에 의한 세대수별 주민공동시설(복리시설)은 대부분 적용하지 않아도 된다. 주거지역의 건축물에 있어서 일조 및 채광이격거리를 준수해야 한다.

비주거의 건축용도는 판매시설로 계획하고, 도시형생활주택외의 주택은 법에서 금지하고 있으므로 적용하지 않겠다. 또한 가구 수 확보를 위해 오피스텔을 일부층에 삽입할 수 있지만, 그렇게 되면 주거부에 오피스텔을 위한 수직동선이 추가되어 공용면적이 커지므로 배제하는 것이 좋다.

3. 인허가 기간

주택사업계획 승인 사업추진

계획도서 작성(2.5개월) → 건축 및 교통심의, 사업승인도서작성(4~4.5개월) → 사업계획승인(2개월) → 구조안전심의(1개월) → 감리자모집공고 및 계약(1.5개월): Total 11~11.5개월

4. 계획 및 건축개요

일반상업지역에서는 공동주택의 용적률을 400%까지만 계획한다. 그렇게 되면 비주거비율 기준인 연면적의 20% 이상은 자연스레 충족될 것이다. 그러나 판매시설 면적이 상승할 수밖에 없는 계획상 제약요소가 있게 된다.

코어는 주거지역에 배치하여 상업지역에서 실사용 면적을 최대한 높일 수 있게 한다. 대지규모가 크지 않아 단일동으로 계획이 필요하며 주거지역과 상업지역건물 매스의 단차는 불가피하다. 단, 최대한 그 차이를 줄일 수 있게 주거지역에서의 건축면적을 줄여서 계획하여 가용 용적률 범위 내에서 높게 계획한다. 판매시설과 공동주택의 수직동선은 분리하며, 같은 층에 판매시설과 공동주택 배치 시 수평동선도 분리될 수 있도록 고려한다.

1) 상품 구성

도시형 생활주택의 Unit은 전용면적 9평 수준을 주력으로 구성한다. 지구단위계획 수립대상이 되는 세대수 규정이 있기 때문에, 1.5Room 수준의 평형대를 적용한다.

2) 일반상업지역 건축개요

- 계획 층수: 지하 3층, 지상 14층
- 상품 구성: 지하 주차장, 지상 1~6층 판매시설, 지상 7~14층 공동주택

- 계획 용적률: 725.2%(법정 800%)
- 주거 부분 용적률: 399.9%
- 계획 높이: 57.95m(판매시설 5.0m / 공동주택 3.1m)
- 지상층 연면적: 5,701.2㎡
- 계획 세대수: 63세대

3) 3종일반주거지역 건축개요

- 계획 층수: 지하 3층, 지상 14층
- 상품 구성: 지하 주차장, 지상 1~2층 판매시설, 지상 3~14층 공동주택
- 계획 용적률: 249.9%(법정 250%)
- 계획 높이: 57.95m(판매시설 5.0m / 공동주택 3.1m: 채광방향 이격거리 준수)
- 지상층 연면적: 5,149.8㎡
- 계획 세대수: 86세대

4) 일반상업지역+3종일반주거지역 건축개요

- 계획 층수: 지하 3층, 지상 14층
- 상품 구성: 지하 주차장, 지상 1~2층 판매시설, 3~6층 판매, 도시형생활주택, 지상 7~14층 도시형생활주택
- 계획 용적률: 536.9%(법정 554.2%: 대지면적비로 안분한 용적률로 큰 의미는 없다)
- 계획 높이: 59.75m(판매시설 5.0m / 공동주택 3.1m)
- 전체 연면적: 16,522.4㎡
- 전체 세대 수: 149세대

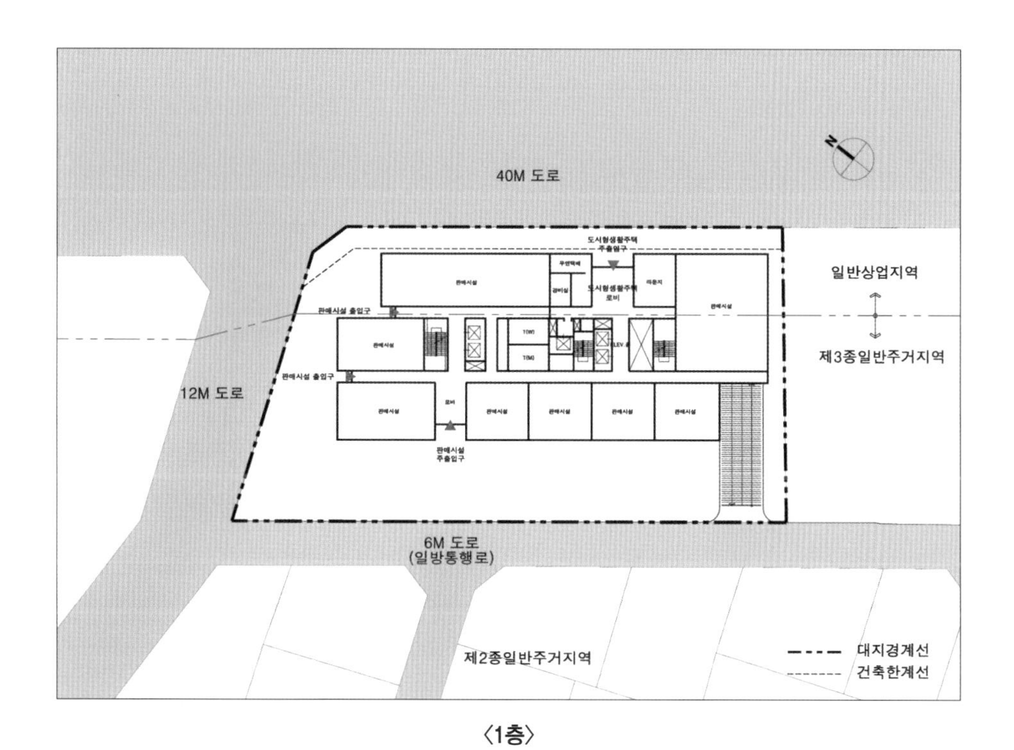
40M 도로
도시형생활주택
주출입구
일반상업지역
제3종일반주거지역
판매시설 출입구
12M 도로
판매시설
주출입구
6M 도로
(일방통행로)
제2종일반주거지역
대지경계선
건축한계선

〈1층〉

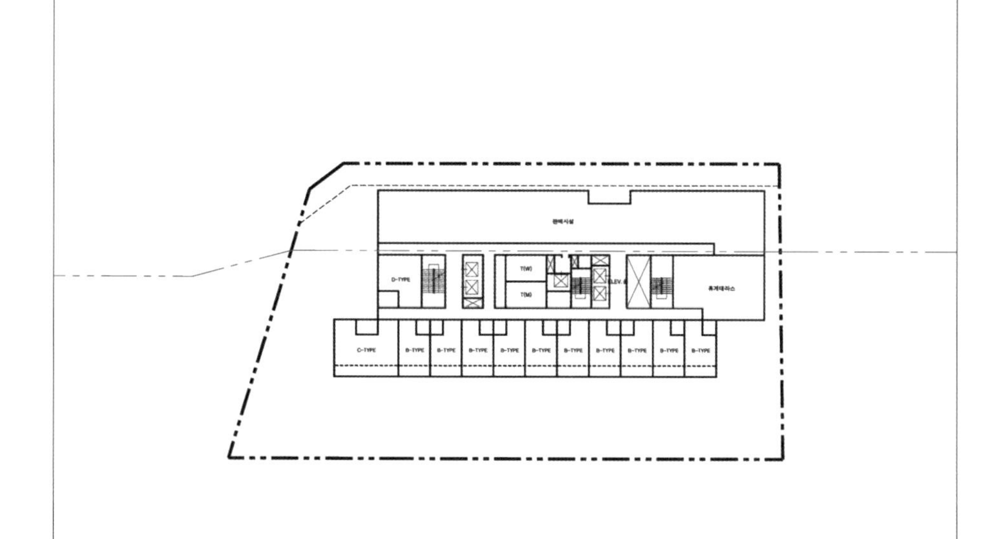
대지경계선
건축한계선

〈기준층〉

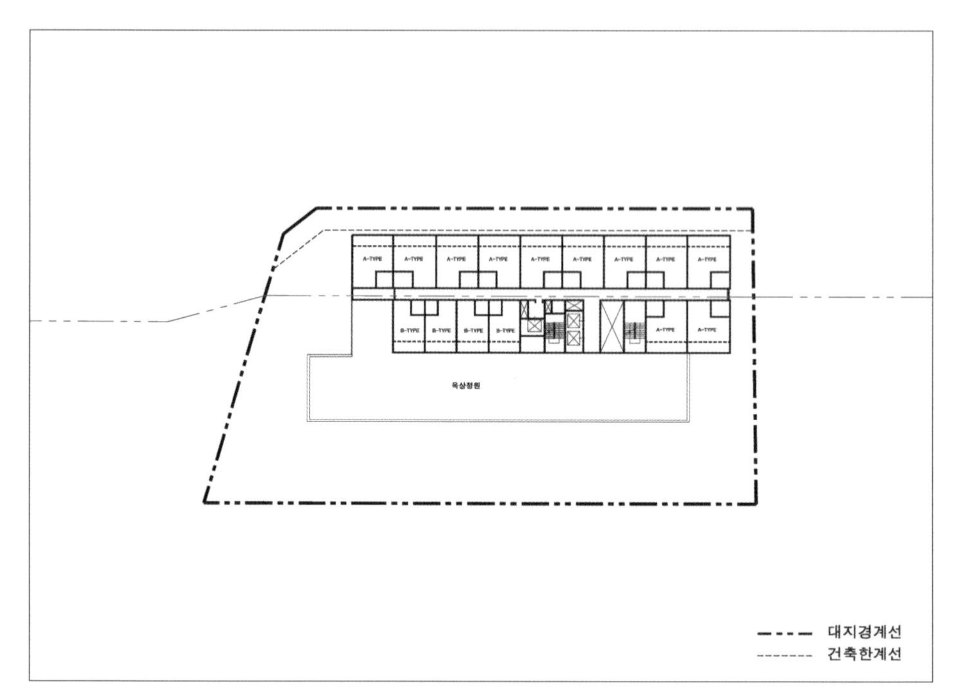
A-TYPE
B-TYPE
옥상정원
대지경계선
건축한계선

〈최상층〉

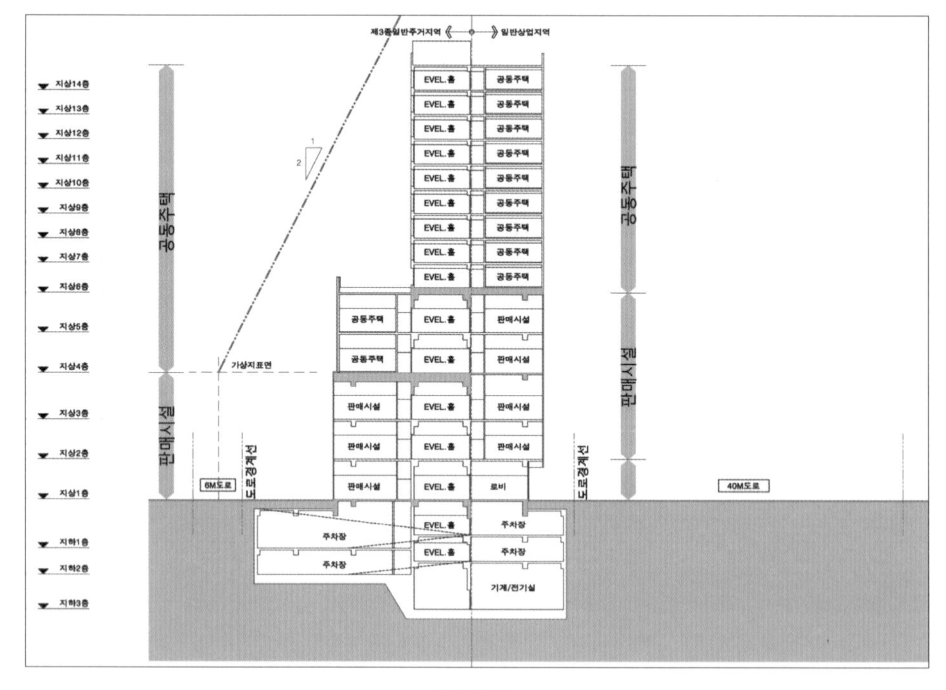
제3종일반주거지역
일반상업지역
지상14층
지상13층
지상12층
지상11층
지상10층
지상9층
지상8층
지상7층
지상6층
지상5층
지상4층
지상3층
지상2층
지상1층
지하1층
지하2층
지하3층
공동주택
판매시설
EVEL.홀
공동주택
판매시설
로비
주차장
기계/전기실
가상지표면
6M도로
40M도로
도로경계선
도로경계선
공동주택
판매시설

〈단면도〉

CHAPTER 9.

도시환경정비사업이란

1. 적용 대상 지역 및 범위

도시 및 주거환경정비법에 의한 정비사업은 일정한 지역에 정비구역을 지정하여 그 구역을 적용 대상으로 주거환경개선사업, 주택재개발사업, 주택재건축사업 및 도시환경정비사업 등을 말한다. 도시환경 정비사업은 정비 구역 안에서만 적용되나 주택 재건축사업은 정비구역 밖에서도 대통령령이 정하는 주택 및 그 부속토지 등에 적용될 수 있다.

구분	기반 시설	노후불량건축물	시행자	시행 방법	법 개정	개정 후 시행자
주거환경 개선사업	극히 열악	과도하게 밀집	시장, 군수, LH 등	수용, 환지 환권, 혼용	주거환경 개선사업	시장, 군수, LH 등
주택 재개발사업	열악	밀집	조합	환지, 환권	재개발사업	조합, 토지소유자 (20인 미만 시)
주택 재건축사업	양호	밀집	조합	환권	재건축사업	조합
도시환경 정비사업	도시기능회복과 상권의 활성화가 필요한 상공업지역의 도시환경 개선		조합, 토지소유자	환지, 환권	재개발사업	조합, 토지소유자 (20인 미만 시)
가로주택 정비사업	양호	노후, 불량	조합, 토지소유자	환권	빈집 및 소규모 주택 정비에 관한 특별법	조합, 토지소유자 (20인 미만 시)

법개정에 따라 명칭이 바뀌고, 주택재개발사업과 도시환경정비사업은 재개발사업으로 통합된다. 그러나 기존에 수립된 정비구역(계획)의 사업이 다수 존재하기 때문에 당분간 명칭이 혼용되어 사용될 듯하다.

2. 노후, 불량건축물이란

- 건축물이 훼손되거나 일부가 멸실되어 붕괴 또는 그 밖에 안전사고의 우려가 있는 건축물
- 내진성능이 확보되지 아니한 건축물 중 중대한 기능적 결함 또는 부실설계, 시공으로 인한 구조적 결함 등이 있는 건축물로서 대통령령으로 정하는 건축물
- 다음의 요건에 해당하는 건축물로서 대통령령으로 정하는 바에 따라 조례로 정하는 건축물

– 주변 토지의 이용 상황 등에 비추어 주거환경이 불량한 곳에 소재할 것
– 건축물을 철거하고 새로운 건축물을 건설하는 경우 그에 소요되는 비용에 비하여 효용의 현저한 증가가 예상될 것
– 대통령령은 별도 확인 필요

노후불량건축물의 경우 소유자 1/10 이상의 동의로 안전진단을 요청할 수 있도록 하였다. 재건축과 관련해 연한을 20년 이상 범위에서 조례로 정하는 현행 체계를 유지하지만, 재건축 연한이 도래하지 않더라도 중대한 기능적, 구조적 결함이 있는 경우 안전진단 통과 후 재건축 추진이 가능하다.(안전진단 기준 D 등급)

그러나 정비구역지정 민간제안을 할 수 있는 범위에 있어서는 도시환경정비법에서 그 기준을 아래와 같이 정하고 있으므로 안전진단을 받아 해당 요건을 충족한다고 하여도 절차에 맞게 민간제안을 할 수 있는 범위가 먼저 충족되어야 할 것이다.

- 단계별 정비사업추진계획상 정비계획의 수립시기가 1년(조례에서 그 이상 연수로 하는 경우는 그 연수) 이상 경과하였음에도 정비계획이 수립되지 아니한 경우
- 토지 등 소유자가 주택공사 등을 사업시행자로 요청하고자 하는 경우
- 대도시가 아닌 시 또는 군으로서 시 · 도조례로 정하는 경우
- 정비사업을 통해 임대주택을 공급하거나, 임대할 목적으로 주택을 주택임대관리업자에게 위탁하려는 경우
- 천재지변에 따라 정비사업을 시행하려는 경우

서울시의 경우 민간에서 정비구역 지정 제안 시 토지 등 소유자의 3분의 2 이상, 토지면적 2분의 1 이상 소유자의 동의가 필요하다.

3. 토지 등 소유자

1) 주거환경개선사업, 주택재개발사업, 도시환경정비사업

정비구역 내에 있는 토지 또는 건축물의 소유자 또는 지상권자이다. 재건축사업은 토지와 건축물을 동시에 소유해야 한다. 그리고 조합원이 되기 위해서 별도의 의사표시가 필요 없고 조합이 결성되면 자동적으로 조합원이 된다.

2) 주택재건축사업

(1) 건축물 및 부속토지의 소유자

토지만의 소유자 또는 건축물만의 소유자는 조합원이 될 수 없다.

(2) 진입로의 토지소유자

정비구역지정이 가능하지만 이 또한 토지만 또는 건축물만의 소유자는 조합원이 될 수 없다.

(3) 부대복리시설의 소유자

토지와 건축물 소유자는 조합원이 될 수 있다. 그러나 복리시설의 소유자는 복리시설을 공급받을 수 있는 자격으로 한정하는 것이 기본이다. 실제로 부대시설은 별도의 소유자가 있는 것보다 조합원 전체의 공동소유인 토지 및 건축물인 경우가 대부분이다.

(4) 정비구역이 아닌 구역

재건축사업을 위한 정비구역 지정은 최소 300세대 이상 필요하므로 그 기준에 미달하는 소규모 재건축 사업은 정비구역 지정 없이 진행될 수 있다. 단일 주택단지 안에서 재건축사업이 시행되는 것이 원칙이지만, 주택단지 안에 있지 아니하는 건축물의 경우에는 지형여건, 주변의 환경으로 보아 사업 시행상 불가피한 경우에 한한다.

- 기존 세대수가 20세대 이상인 것. 다만, 지형여건 및 주변 환경으로 보아 사업 시행상 불가피한 경우에는 아파트 및 연립주택이 아닌 주택을 일부 포함할 수 있다.
- 기존 세대수가 20세대 미만으로서 20세대 이상으로 재건축하고자 하는 것. 이 경우 사업계획 승인 등에 포함되어 있지 않은 인접대지의 세대수를 포함하지 아니한다. 정비구역이 아닌 구역에서 주택단지에 속하지 않는 단독주택 등을 포함하는 경우에는 단독주택(토지 포함) 소유자 전원의 동의가 필요하다.

4. 정비 기본 계획

1) 의의

정비 기본 계획은 국토의 계획 및 이용에 관한 법률의 도 · 시 · 군기본계획보다 하위 계획이고 정비계획보다 상위계획이다. 5년마다 타당성을 검토하고 10년 단위로 수립한다.

2) 수립 절차

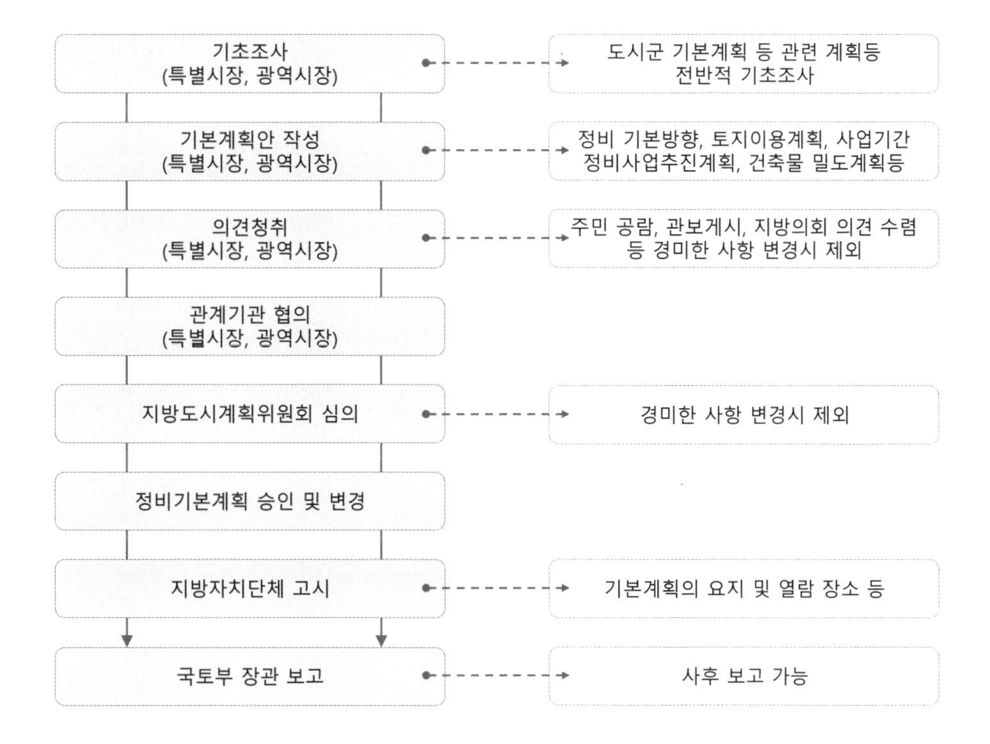

5. 정비계획 수립 및 정비구역의 지정

1) 정비구역 지정 정비계획의 효력

정비구역 지정과 정비계획 수립은 따로 논할 수 없고, 반드시 함께 이루어져야 하는 구속력 있는 행정계획이다. 구역지정은 단순히 면적의 의미만을 갖는 것이고, 이것만으로는 정비사업의 내용을 알 수 없기 때문에 반드시 정비계획 내용이 포함되어야 하는 것이다. 이 양자가 결합하여 하나의 구속력 있는 도시관리계획으로 효력이 발생한다.

2) 정비구역 지정 절차

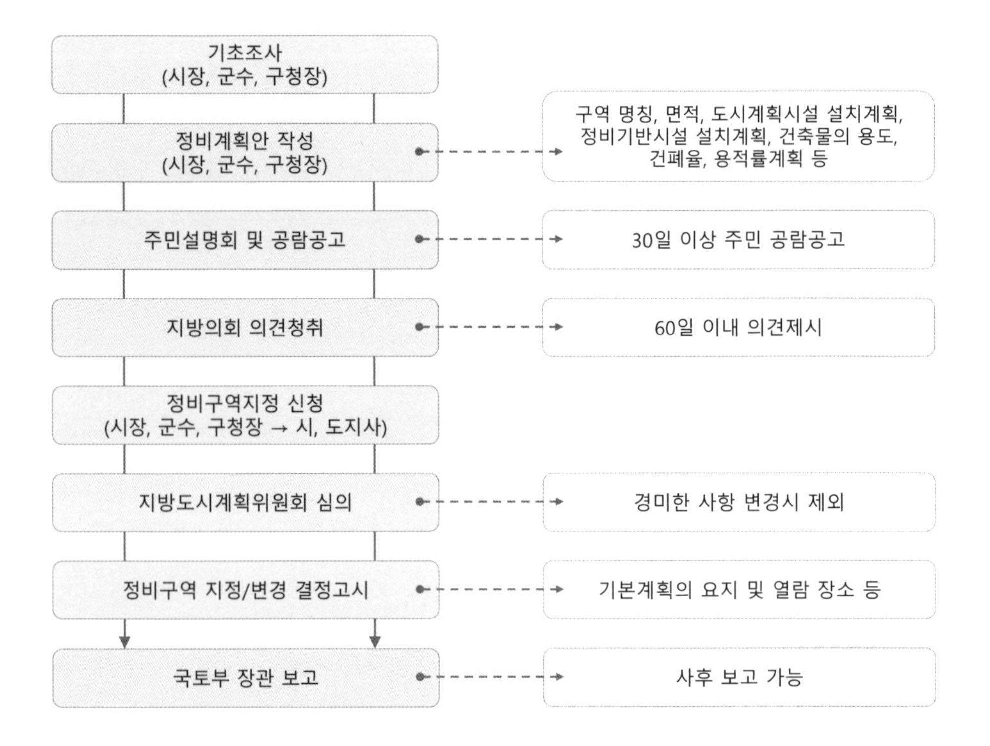

3) 행위의 제한

정비구역지정이 가지는 중요한 효과는 행위제한과 토지 등 소유자인 자와 그렇지 않은 자가 구별되는 기준이 된다는 점이다.

정비구역 내에서는 비경제적인 건축행위 및 투기수요의 유입방지를 위해 국토계획법에서 정한 개발행위를 제한한다. 금지라는 개념보다 인허가권자의 허가를 받아야 하는데, 그 허가의 거부가 가능한 것이다.

정비구역이 지정되기 전이라도 기본계획이 공람중인 정비예정구역 등에서 3년 이내 기간(1회에 한해 1년 연장)을 정하여 건축물의 건축과 토지의 분할을 제한할 수도 있는데 이 경우 시 · 도지사 또는 자치구의 구청장은 제한사유 등을 미리 고시하여야 한다.

4) 정비구역의 해제

법에서 정하는 여러 경우에 따라 정비사업이 추진되지 않을 시 정비구역은 해제 절차를 밟게 된다. 흔히 말하는 일몰제가 그것인데 여기서 중요한 점은 이 해제 절차가 진행 중인 대지에는 정비사업도 신축도 실질적으로 불가능하다. 정비사업은 당연히 정비구역해제 예정이기 때문이며, 신축관련사항은 정비구역 해제 시 도시관리계획의 변경이 수반되는데 그 결과를 예상하기 어렵기 때문이다.

6. 추진위원회 및 조합 설립

정비사업을 조합이 시행할 경우 도시정비법에 의한 본 추진위원회와 조합설립 절차를 거쳐야 한다. 상공업지역에서 행하는 도시환경정비사업의 경우 토지 등 소유자가 시행할 수 있는데, 이 경우에는 추진위 및 조합구성을 필요로 하지 않고 사업시행인가 조건에서 요구하는 토지 등 소유자의 동의 요건을 충족하면 된다.

1) 조합설립 추진위원회 구성 절차

조합을 설립하고자 하는 경우 정비구역 지정 고시 후 위원장을 포함한 5인 이상의 위원 및 운영규정에 의한 토지 등 소유자 과반수의 동의를 얻어 조합설립을 위한 추진위원회를 구성하여, 국토교통부령으로 정하는 방법과 절차에 따라 시장 · 군수의 승인을 얻어야 한다.

2) 조합설립 절차

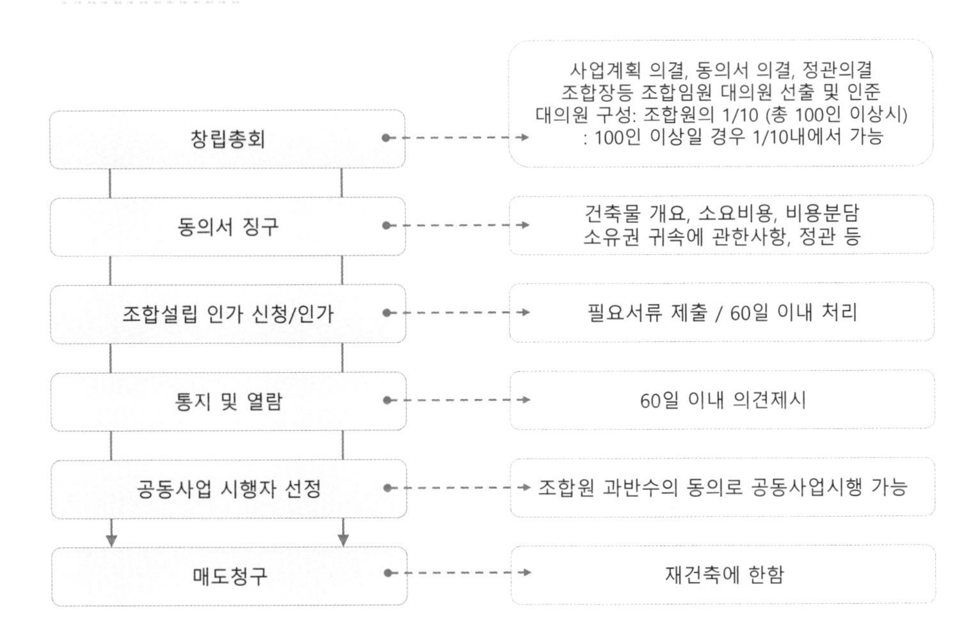

3) 토지 등 소유자의 동의자 수 산정

(1) 재건축의 경우

- 소유권 또는 구분소유권이 수인의 공유에 속하는 때에는 그 수인을 대표하는 1인을 토지 등 소유자로 산정

  1인이 둘 이상의 소유권 또는 구분소유권을 소유하고 있는 경우에는 소유권 또는 구분 소유권의 수에 관계없이 토지 등 소유자를 1인으로 산정

(2) 재개발, 도시환경정비사업의 경우

- 1필지의 토지 또는 하나의 건축물이 수인의 공유에 속하는 때에는 그 수인을 대표하는 1인을 산정
- 토지에 지상권이 설정되어 있는 경우 토지의 소유자 및 지상권자를 대표하는

1인을 토지 등 소유자로 산정

- 1인이 다수 필지의 토지 또는 다수의 건축물을 소유하고 있는 경우에는 필지나 건축물의 수에 관계없이 토지 등 소유자를 1인으로 산정. 단, 도시환경정비사업의 경우 토지 등 소유자가 정비구역 지정 후 정비사업을 목적으로 취득한 토지 또는 건축물에 대하여 종전 소유자를 토지 등 소유자의 수에 포함하여 산정하되, 이 경우 동의 여부는 이를 취득한 토지 등 소유자 수에 의한다.

추진위원회 또는 조합의 설립에 동의한 자로부터 토지 또는 건축물을 취득한 자는 추진위원회 또는 조합의 설립에 동의한 것으로 본다. 토지 등 소유자의 주소가 불명확하여 소재가 확인되지 아니한 자는 제외하며 국공유지에 대해서는 그 재산관리청을 토지 등 소유자로 산정한다.

4) 조합 설립의 동의자 수 조건

(1) 재개발 및 도시환경정비사업

토지 등 소유자의 4분의 3 이상 및 토지면적의 2분의 1 이상의 토지소유자의 동의

(2) 주택단지로 된 재건축사업

각 동별 구분소유자의 3분의 2 이상 및 토지면적의 2분의 1 이상의 토지소유자의 동의와 주택단지 안의 전체 구분소유자의 4분의 3 이상 및 토지면적의 4분의 3 이상의 토지소유자의 동의

(3) 주택단지가 아닌 지역이 재건축 정비구역에 포함된 때

해당 지역의 토지 또는 건축물 소유자의 4분의 3 이상 및 토지면적의 3분의 2 이상의 토지소유자의 동의

5) 조합원의 자격 등

정비사업의 조합원은 토지 등 소유자(주택재건축사업의 경우 동의한 자만 해당)로 하는 것이 원칙이되, 토지 또는 건축물의 소유권과 지상권이 수인의 공유에 속한 때에는 그 수인을 대표하는 1인을 조합원으로 본다.

조합의 설립인가 후 양도, 증여, 판결 등으로 인하여 조합원의 권리가 이전된 때에는 조합원의 권리를 취득한자를 조합원으로 본다.

투기과열지구로 지정된 지역 안에서의 주택재건축사업의 경우 조합설립인가 후 당해 정비사업의 건축물 또는 토지를 양수한자는 조합원이 될 수 없다. 이 경우 현금으로 청산하여야 하며 청산금액은 조합설립인가일을 기준으로 산정한다.

6) 청산 조합원

조합원 중 분양조합원이 아닌 청산조합원은 아파트를 분양받지 못하고 현금청산대상이 된다.

(1) 재개발 등 청산조합원

– 공유지분

공유지분에 대해서는 1명만 분양권이 인정된다.

– 면적이 적은 나대지

건물과 대지를 동시에 소유하고 있는 경우는 규모에 관계없이 분양자격이 주어지지만 나대지의 경우 일정 규모 이하인 경우는 분양권이 없다.

- 무허가건물의 소유자

무허가 건물의 소유자 중 무허가건축물 관리대장에 등재되지 않은 신행 무허가 건물소유자는 분양 자격이 없다.

- 1세대 2주택 소유자

1세대가 2 이상의 주택을 소유한 자는 1주택을 공급한다. 1세대 2주택 이상의 소유자로부터 관리처분 계획 기준일 이후에 매수한 지분은 분양자격이 없다.

재개발지역 내 지분 쪼개기를 차단하기 위하여 상기사항이 원칙이나, 각 지자체 조례를 통해 여러 가지 세부 기준 및 예외사항을 명시하고 있다. 일단 대원칙 정도는 기억할 필요가 있다.

(2) 재건축의 청산 조합원

재건축은 건물과 부속토지를 소유하여야 하는데 이 중 하나만 소유하고 있는 경우는 분양자격이 없다. 1세대가 2 이상의 주택을 소유한 경우 소유 주택 수만큼 주택을 공급할 수 있으나 과밀억제권으로 지정된 지역은 3주택 이내에서 공급하여야 한다.

7. 사업시행인가

도시환경정비사업에서 사업시행인가는 건축법에 따른 건축허가와 유사한 기능을 한다. 또한 수용재결을 할 수 있는 기초 근거가 되며, 각종 인허가사항들의 의제처리가 포함되는 중요한 단계이다.

1) 사업시행인가의 절차

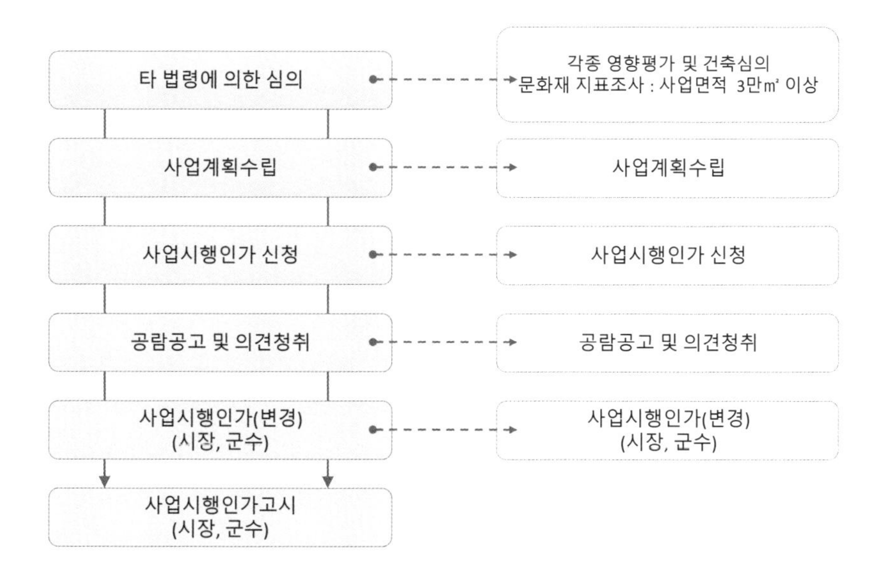

2) 동의율

(1) 사업시행자가 조합인 경우

조합원의 과반수 동의

(2) 사업시행자가 지정개발자인 경우

토지면적의 50% 이상의 토지소유자의 동의와 토지 등 소유자 과반수의 동의

(3) 토지 등 소유자가 시행하고자 하는 경우

토지 등 소유자의 4분의 3 이상의 동의(경미한 사항의 변경 시 제외)

8. 정비사업 시행을 위한 조치

1) 지상권 등 계약의 해지

① 정비사업의 시행으로 인하여 지상권, 전세권 또는 임차권의 설정목적을 달성할 수 없는 때에는 그 권리자는 계약을 해지할 수 있다.

② 상기(①)의 규정에 의하여 계약을 해지할 수 있는 자가 가지는 전세금, 보증금, 그 밖의 계약상 금전의 반환청구권은 사업시행자에게 행사할 수 있다.

③ 상기(②)의 규정에 의한 금전의 반환청구권의 행사로 해당 금전을 지급한 사업시행자는 해당 토지 등 소유자에게 구상할 수 있다.

④ 사업시행자는 상기(③)의 규정에 따른 구상이 되지 아니하는 때에는 해당 토지 등 소유자에게 귀속될 대지 또는 건축물을 압류할 수 있다. 이 경우 압류한 권리는 저당권과 동일한 효력을 가진다.

⑤ 관리처분계획의 인가를 받은 경우 지상권, 전세권설정계약 또는 임대차계약의 계약기간에 대하여는 민법, 주택임대차보호법 제4조제1항, 상가건물 임대차보호법 제9조제1항을 적용하지 아니한다.

2) 소유자의 확인이 곤란한 건축물 등에 대한 처분

사업시행자는 정비사업을 시행함에 있어 조합 설립의 인가일(재개발사업을 토지 등 소유자가 시행하는 경우에는 사업시행인가일을 말하고 시장, 군수가 직접 정비사업을 시행하거나 주택공사 등을 사업시행자로 지정한 경우에는 도시정비법

제26조제2항에 따른 고시일을 말한다) 현재 건축물 또는 토지의 소유자의 소재확인이 현저히 곤란한 경우에는 전국적으로 배포되는 2 이상의 일간신문에 2회 이상공고하고, 그 공고한 날부터 30일 이상이 지난 때에는 그 소유자의 해당 건축물 또는 토지의 감정평가액에 해당하는 금액을 법원에 공탁하고 정비사업을 시행할 수 있다.

9. 이후 단계

정비구역에서 기획설계를 하기 위해 상기사항의 절차와 내용은 개략 숙지할 필요가 있다.

이후에 조합원 분양 → 관리처분계획인가 → 이주, 철거, 착공, 일반분양 → 준공, 토지분할, 이전 고시 → 청산종결, 조합해산 순의 나머지 절차들이 이루어지게 된다.

1) 미확보된 토지 소유이전

미확보 토지 등에 관해서는 수용재결 또는 매도청구소송으로 확보하며, 이는 사업시행인가와 관리처분계획인가 사이에 이루어진다. 따라서 사업기간에 있어서 이러한 토지 등 권리 확보가 중요하게 작용하는 것이다.

2) 분양신청을 하지 아니한 자의 조치

관리처분인가를 받은 날의 다음 날로부터 90일 이내에 정해진 절차에 따라 현금으로 청산하여야 한다. 청산금액은 협의하여 산정하고, 조합설립인가 이후 건축물 또는 토지를 양수한 자로서 조합원의 자격을 취득할 수 없는 자도 이에 준용하여 청산한다. 이 경우 청산금액은 조합설립인가일을 기준으로 산정한다.

3) 이전고시 후 최종청산금 징수 또는 지급

대지 또는 건축물을 분양받은 자가 종전에 소유하고 있던 토지 또는 건축물의 가격과 분양받은 대지 또는 건축물의 가격 사이에 차이가 있는 경우에는 사업시행자는 위 이전고시가 있은 후 그 차액에 상당하는 금액을 분양받은 자로부터 징수하거나 분양받은 자에게 지급하여야 한다.

10. 가로주택 정비사업

가로주택정비사업이란 가로구역에서 종전의 가로를 유지하면서 소규모로 주거환경을 개선하기 위한 사업이다. 종전에는 도시정비법 내에 포함되어 있었으나, 2018년 법이 개정되면서 빈집 및 소규모주택 정비에 관한 특례법에 포함되었다. 사실 소규모 주택정비를 위한 체계를 좀 더 세분화해서 적용하고자 한다는 면에서 좋은 일이다.

이전에는 소규모 주택정비사업이 활발히 이루어지지 않았지만, 앞으로 과밀해져 가는 도시에서 대단위로만 정비사업을 할 수 없는 상황이 많기 때문에 본 특례법을 활용한 사업이 활발해질 가능성이 크다. 주요 골자는 도시정비법 당시의 기준이 활용되었으며, 일부 용어 등 변경된 내용이 있기 때문에 주요 사항을 정리해 보겠다.

1) 사업대상지역 요건

- 가로구역을 충족할 것

– 6m 이상의 도로로 둘러싸인 구역(국토계획법, 도로법, 사도법에 따른 도로)

- 해당 구역의 면적이 1만㎡ 미만일 것
- 해당 구역을 통과하는 도시계획도로가 설치되어 있지 아니할 것(단, 국토계

획법에 따라 폐지되었거나, 폐지에 관한 고시가 된 도로 또는 너비 4m 이하의 도로는 제외)

2) 가로구역으로서 아래 사항을 모두 충족한 지역

- 해당 사업시행구역의 면적이 1만㎡ 미만일 것
- 노후불량건축물의 수가 해당 사업시행구역 전체 건축물 수의 3분의 2 이상일 것
- 해당 사업시행구역 내 기존주택의 호수 또는 세대수가 다음 기준 이상일 것

– 기존주택이 모두 단독주택인 경우 10호
– 기존주택이 모두 공동주택인 경우 20세대
– 기존주택이 단독주택과 공동주택으로 구성된 경우 그 수를 합하여 20채

사업대상지역요건에서 중요하게 보아야 할 부분은 해당 사업시행구역이다. 법에서는 가로구역의 요건이 충족된 일단의 도로로 둘러싸인 구역의 전부 또는 일부에서 가로주택정비사업을 시행할 수 있다고 되어 있다.

전부 또는 일부에 대해서 시행할 수 있다고 해 두었으니 해당되는 사업시행구역이 별도로 충족되어야 하는 것으로 만약, 내가 가로구역 내 1개 필지에서 사업을 시행하고자 한다면 그 1개 필지가 해당 사업시행구역이 되는 것이다. 따라서 노후불량건축물과 기존 세대수의 기준은 가로구역 전체가 아니라 하고자 하는 사업시행대지에서 충족되어야 하는 기준이다. 이 부분이 기존 도시정비법 내용에서 좀 더 혼선이 없게 정리된 부분이기도 하다.

3) 사업 절차

사업 추진절차는 도시환경정비사업이 추진 절차와 흡사하다. 단, 가로주택정비사업의 경우 정비계획수립 및 구역지정 추진위원회의 구성 없이 바로 정비사업이 시행될 수 있다.

시행자는 토지 등 소유자가 20명 미만일 경우는 주민합의체를 구성하여 직접 시행할 수 있으며, 적격자격을 가진 자와 공동시행을 할 수도 있다. 당연히 다수의 토지 등 소유자가 있는 경우 조합설립을 통한 사업으로 진행한다. 단일 토지 등 소유자일 경우 위의 단계가 생략될 수 있다.

기존정비사업	VS	가로주택정비사업
정비기본계획수립 정비계획수립 및 구역지정	사업준비	정비기본계획수립 정비계획수립 및 구역지정
조합설립추진위원회 조합설립인가 사업시행인가	사업시행	조합설립추진위원회 조합설립인가 주민합의체, 단일토지소유자 사업시행인가
관리처분계획 칙공신고	관리처분	관리처분계획 착공신고
준공 및 입주 청산 및 조합해산	사업완료	준공 및 입주 청산 및 조합해산

약간의 차이점은 기존 도시정비법상에서 조합원의 분양은 사업시행인가 이후였으나, 본 특례법에서는 사업시행인가를 받기 전에 통합심의를 하면 그로부터 60

일 내에 조합원 분양을 할 수 있다는 점이다. 새로 지어질 건축물중 잔여분에 대해서는 일반분양도 가능하다.

4) 장점

(1) 사업기간의 단축 및 비용절감

기존의 정비사업 절차에서 정비구역의 지정 및 추진위원회 구성 단계가 생략되고 조합설립 단계부터 시작되기 때문에 사업절차 간소화 및 기간이 대폭 줄어든다. 이는 정비계획 수립 단계라는 매우 어렵고 시간이 긴 절차수행이 생략되기 때문에 가능하며, 그에 따라 대출이자 등 사업비 절감효과가 있다.

(2) 통합심의

특례법 27조에 규정된 내용이다. 인허가권자는 건축심의, 도 · 시 · 군관리계획과 관련된 사항, 그 밖에 필요하다고 인정하여 통합심의에 부치는 사항을 통합해서 심의할 수 있게 하였다. 큰 장점이다. 이는 건축위원회, 도시계획위원회 등에서 수행하는 각종 필요한 심의사항을 한 번에 통합심의 할 수 있게 하고 있어 건축 인허가 기간 단축에 도움이 된다.

(3) 신속한 의사결정

조합설립 시 80% 이상의 토지 등 소유자의 동의를 받아야 하긴 하나, 소규모 개발사업으로 이해관계인이 많지 않아 사업 추진 시에는 신속한 의사결정 과정과 주민 의견 반영이 용이하다.

(4) 1가구 3주택 가능

가로주택정비사업은 1가구 3주택까지 공급이 가능하도록 되어 있어 거주 이외에 임대목적으로 추가주택의 공급이 가능하다.

(5) 건축규제 완화 및 금융지원

건축규제 완화와 관련해서는 기존 도시정비법 내용과 같다. 대지 내 조경, 건폐율, 대지 안의 공지, 건축물의 높이제한, 주택법에서 정한 주택공급에 따른 부대시설 및 복리시설의 설치 기준을 지방건축위원회 심의를 통해 완화할 수 있다.

도시정비법이나 특례법에서는 사업활성화를 위해 사업비를 보조 및 융자 할 수 있는 조항들을 수립하여 두었다. 그 내용은 거의 같으며, 가로주택정비사업추진 시 기존에도 있었지만 서울시에서는 건축공사비의 40%까지 시중보다 저렴한 이자로 대출이 가능하니 이 부분도 활용하면 도움이 된다.

CHAPTER 10.

도시환경정비사업 완료지구 업무시설 기획 사례

1. 대지 현황 분석

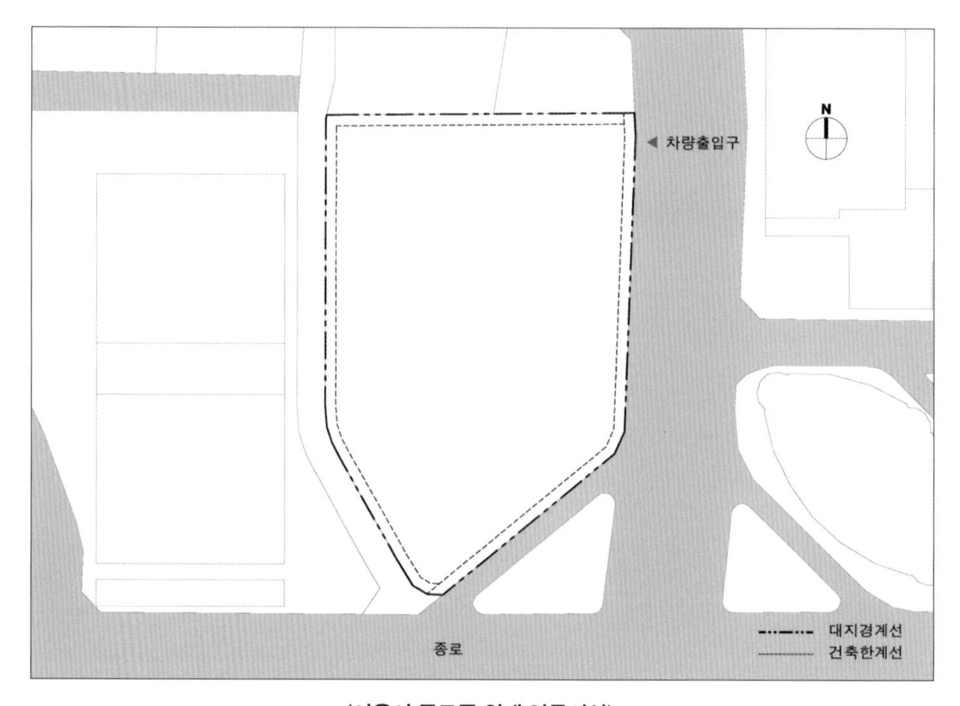

〈서울시 종로구 일대 업무시설〉

대지면적: 9,485.6㎡

해당 구역 기반시설 부담률: 10,904.3㎡

국토계획법 등에 따른 지역지구: 일반상업지역, 중심미관지구, 방화지구, 정비구역, 중점경관관리구역, 부설주차장 설치제한구역

본 대지는 사대문 안의 이미 구역이 지정되고 정비계획에 따른 정비사업이 완료된 대지이다. 앞서 도시환경정비법을 통해 정비사업에 대한 주요 사항들을 정리해 보았다. 사업시행이 완료된 정비사업구역 내 지구를 완료지구라 한다. 시간이 꽤 흐른 완료지구들이 점점 늘어나면서 건물 노후화 등으로 신축을 계획하는 경우가

종종 있다. 하지만 완료지구라 해도 정비구역이 해제되지 않는 한 도시환경정비법에 따른 정비 기본계획에 따라 사업을 진행해야 한다. 본 챕터에서는 완료지구에서 신축 시 기획설계 검토 단계에서 주요하게 확인해야 할 사항을 알아보도록 하겠다.

2. 도시환경정비 기본계획 총론

1) 도시환경정비사업부문

도시정비법 2조에서 규정한 도시환경정비사업, 즉 상공업지역 등으로서 토지의 효율적인 이용과 도심 또는 부도심 등 도시기능 회복 등이 필요한 지역에서 도시환경을 개선하기 위해 시행하는 사업을 대상으로 한다.(2030 서울 플랜상 도심, 부도심) 도시환경정비구역, 도시환경정비예정구역으로 통칭한다.

2) 주거환경정비사업부문

도시정비법 2조에서의 정비사업종류는 주거환경개선사업, 주택재개발사업, 주택재건축사업, 도시환경정비사업, 주거환경관리사업 등을 말하며, 본 정비기본계획에서는 주거환경정비사업인 주거환경개선사업, 주택재건축사업, 주택재개발사업, 주거환경관리사업의 기본 정책 방향과 기준을 제시한다. 주거환경정비구역, 주거환경정비예정구역으로 통칭한다.

즉, 도시정비법 2조에 의한 사업구분에 따라 기본 계획이 나뉘며, 용도지역별로 나뉘는 것은 아니다. 그러나 통상 상업지역은 도시환경정비사업부문기본계획에 주로 포함되며 주거지역은 주거환경정비사업기본계획에 포함된다.

Check) 도시환경정비구역 내의 준공업지역에서 공동주택 건립 시(공장 비율 10% 미만)

이러한 대지는 서울시 도시계획 조례에 의해 공동주택을 지을 수 없다. 다만 단서조항을 활용해 공동주택을 기획한다면 공장부지가 10% 미만이기 때문에 지구단위계획 또는 정비계획을 수립할지라도 산업부지확보대상에서는 제외된다. 임대주택을 지을 시에도 마찬가지이다. 그러나 한 가지 알아야 할 점은 지구단위 또는 정비계획 수립 시 용적률 체계가 바뀐다는 것이다. 이 사각지역에 있는 사업 시에 그냥 250%라는 조례상 용적률이 기본 용적률이라고 생각하는 것은 Risk가 있다. 더불어 공장 비율 0%인 지역에 공동주택을 짓더라도 서울시 도시계획 조례 시행규칙상 아파트를 지을 시 지구단위계획수립의무대상이므로 용적률 체계에 대해서는 짚고 넘어가야 한다.

정확히 이런 경우에 용적률 체계를 나타내는 자료는 없지만 2030 준공업지역 종합 발전계획의 유형 중 주거재생형이 공장 비율 10% 미만의 사업 시 적용하는 계획인 만큼 본 사항을 보수적으로 참조하여 예상하여야 한다.

(1) 주거재생형 용적률 체계

가. 지구단위계획수립 기준

2025 정비기본계획에 따라 용적률 체계 형성하라고 넘김

나. 2025 정비기본계획(주거부문)

3종일반 주거지역과 동일한 용적률 체계(210/230/250%) 형성하되, 준공업지역 종합발전 계획에 따름

다. 2030 준공업지역 종합 발전계획

구분	용적률	비고
주택재건축사업 주택재개발사업	기준 210/ 허용 230/ 상한 250/ 법적상한 300%	2025 도시주거환경정비 기본계획에 따름
공동주택리모델링사업	-	2025 서울시 공동주택리모델링 기본계획에 따름
가로주택정비사업	250% 이하	-
주거환경관리사업	250% 이하	기준/허용/상한용적률은 정비계획수립시 결정
건축협정	250% 이하	

예상컨대 3종일반주거지역에서 행하는 주거정비사업의 용적률 체계를 따르되 지구단위계획 수립 시나 정비계획 수립 시 심의를 통해 결정될 것이다. 한 가지 더 알아야 할 점은 주택 사업 시 주택사업계획승인 또는 정비사업시행인가로 인허가 대상이 된다면 주택사업 관련 기반시설 기부채납 운영 기준에 의해 8~9% 이내의 기부채납도 고려해야 한다.

3. 2025(30) 기본계획 검토(도시환경정비사업부문)

1) 토지이용계획

기본계획상 본 대지의 주용도를 확인해야 한다. 도시계획 조례상 가능 용도가 있으나, 기본계획의 주용도는 연면적의 50% 이상 도입하여야 하는 점을 유의해야 한다. 본대지는 도심핵지역이며 그에 따른 주용도는 아래와 같다.

지역구분	토지이용 유도방향	건축물 주용도 (선택가능)
도심 핵지역	도심부의 상징적인 업무중심지역으로 유지발전	업무, 숙박 문화/집회, 주거
도심상업지역	다양하고 활력 있는 도심상업기능과 가로의 특성을 유지, 보강	판매, 위탁, 문화/집회, 숙박, 주거
도심서비스지역	업무-상업지원, 문화, 여가, 숙박 등 도심활동을 지원하는 서비스기능 유도	업무, 판매, 문화/집회, 숙박, 교육연구, 주거
도심형산업지역	인쇄, 광고, 영상 등 도심형 산업 유지/지원	업무, 근린생활, 숙박, 아파트형공장, 주거
도심주거지역	도심부에 필요한 주거기능 유지	주거(공동주택), 교육연구, 의료시설, 근린생활
도심복합 용도지역	장래 남북 녹지축을 조성하면서 도심활성화를 위한 복합개발 유도	업무, 판매, 문화/집회, 숙박, 주거, 위탁, 교육연구, 의료 등 복합개발 유도
혼합상업지역	다양한 상업활농의 뉴지, 강화	일반상업지역에서 허용되는 용도로 하며, 주거용도는 주용도에 포함

※ 주용도는 국토계획법 시행령과 서울시 도시계획조례에서 정한 해당 용도지역 및 용도지구 안에서 건축할 수 있는 건축물에 한함.
※ 소단위 정비형의 경우 토지이용에 따른 건축물 주용도를 적용하지 아니할 수 있으며 관련법에 따름
※ 국가상징가로면 세종대로변에 연접한 필지의 건축물 주용도는 주거용도 불허(이면부와 인접블럭은 주거주용도 가능)

도시환경 정비사업에서 주용도가 업무시설일 경우 오피스텔은 해당 사업의 주용도로 불허한다.

도심 공동화 방지를 위해 사대문안 도심부 일반상업지역 내 도시환경정비구역

에서는 서울시 도시계획 조례 55조에 의한 주거복합 용적률 체계를 적용하지 않는다.

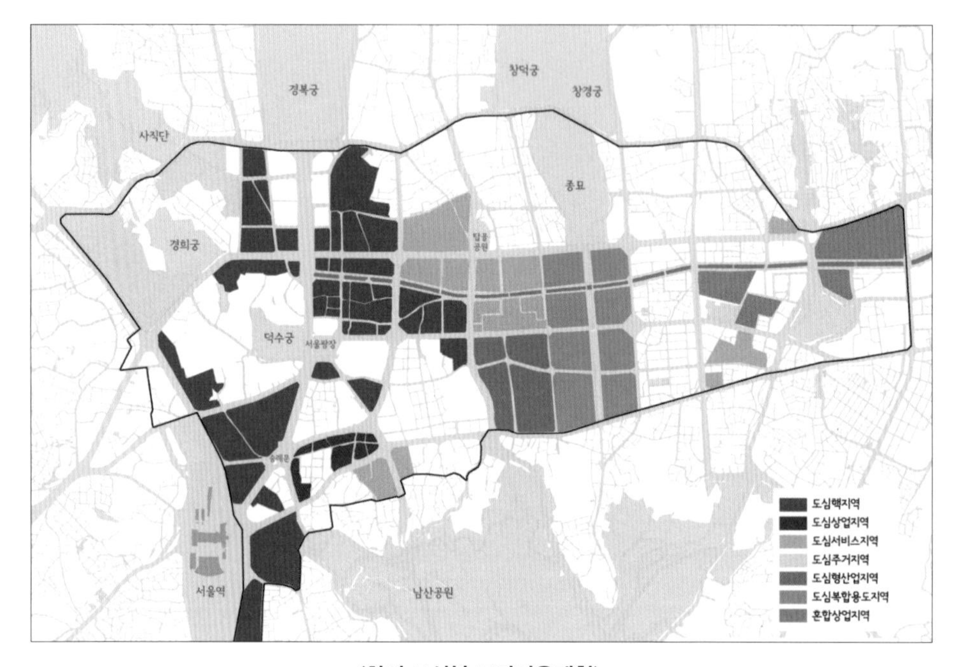

〈한양 도심부 토지이용계획〉

2) 건축물 밀도계획

(1) 건폐율 계획

서울시 도시계획조례에서 정하고 있는 60% 이하

(2) 용적률 계획

구분	업무주거지역	비고
기준용적률	600% 이하	
허용용적률	800% 이하	- 친환경 및 에너지 효율화, 역사자원 보존 항목 의무적용(100%) - 계획유도 항목 100% 적용 운영 - 계획의 유연성을 고려 인센티브 항목 탄력적 운영(위원회 심의) - 2030 서울 도시기본계획의 중심지별 육성전략에 따라 지역별로 육성 및 촉진하고자 하는 용도 도입 시 인센티브 부여
상한용적률	허용용적률×(1+1.3a)	- 시행자가 공공시설 등을 제공하는 경우에 추가로 부여 - a: 공공시설 부지로 제공한 후의 대지면적 대 공공시설 부지로 제공하는 면적의 비율

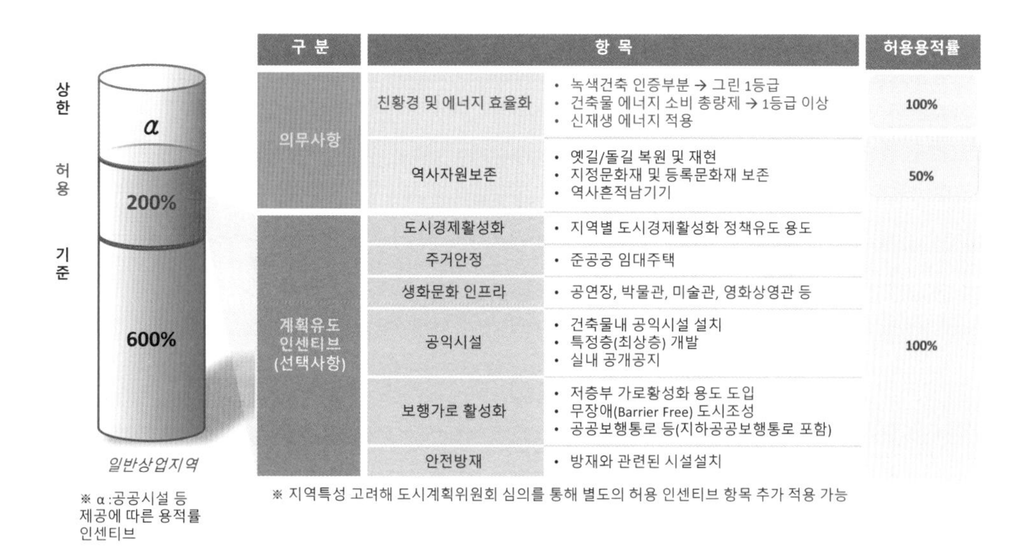

구 분		항 목	허용용적률
의무사항	친환경 및 에너지 효율화	• 녹색건축 인증부분 → 그린 1등급 • 건축물 에너지 소비 총량제 → 1등급 이상 • 신재생 에너지 적용	100%
	역사자원보존	• 옛길/돌길 복원 및 재현 • 지정문화재 및 등록문화재 보존 • 역사흔적남기기	50%
계획유도 인센티브 (선택사항)	도시경제활성화	• 지역별 도시경제활성화 정책유도 용도	100%
	주거안정	• 준공공 임대주택	
	생화문화 인프라	• 공연장, 박물관, 미술관, 영화상영관 등	
	공익시설	• 건축물내 공익시설 설치 • 특정층(최상층) 개발 • 실내 공개공지	
	보행가로 활성화	• 저층부 가로활성화 용도 도입 • 무장애(Barrier Free) 도시조성 • 공공보행통로 등(지하공공보행통로 포함)	
	안전방재	• 방재와 관련된 시설설치	

※ 지역특성 고려해 도시계획위원회 심의를 통해 별도의 허용 인센티브 항목 추가 적용 가능

〈허용용적률 인센티브 방안〉

<table>
<tr><th>구분</th><th>목표</th><th>인센티브 대상</th><th>요건</th><th>산정 방식</th><th>완화량 또는 보상계수</th><th>적용량</th></tr>
<tr><td rowspan="22"></td><td>친환경 개발</td><td>녹색건축물 인증
건축물 에너지소비 총량 제
신재생에너지 이용시설</td><td><친환경계발 기준 : 일반상업지역 예시>
<table><tr><td>연면적 / 구분</td><td>1만m² 이상</td><td>3천m²이상 ~1만m² 미만</td><td>3천m² 미만</td></tr><tr><td>녹색 건축물</td><td>그린1등급 (최우수)</td><td>그린2등급 (우수)</td><td rowspan="3">서울시 녹색건축 설계기준 적용</td></tr><tr><td>에너지 총량</td><td>240 (kWh/m²·y)</td><td>260 (kWh/m²·y)</td></tr><tr><td>신재생 에너지</td><td>11%이상 (비주거) 7%이상 (주거)</td><td>10%이상 (비주거) 6.5%이상 (주거)</td></tr></table>※ 신재생에너지 비율은 에너지총량을 줄인만큼 서울시 녹색건축을 설계기준 상 성능대체비율에 따라 완화 가능</td><td colspan="2">기준등급 준수 시 허용 용적률 총량의 ½ 부여</td><td>최대 100%</td></tr>
<tr><td rowspan="3">역사 보전</td><td>옛길/물길 복원 및 재현</td><td>역사도심 기본계획에서 정한 관리지침(Guideline)에 적합하게 조성 시</td><td rowspan="2">정량 부여</td><td rowspan="2">50%</td><td rowspan="3">최대 50%</td></tr>
<tr><td>지정문화재 및 등록 문화재</td><td>문화재보호법 상 지정 및 등록문화재 보전 시</td></tr>
<tr><td>역사흔적 남기기</td><td>역사적 가치가 있는 건축물(시설을 포함) 및 지역유래 등 스토리텔링을 위한 전시공간유치 등 위원회에서 보전가치가 있다고 인정하는 경우</td><td>정률 부여</td><td>0.25</td></tr>
<tr><td rowspan="9">도시 경제 활성화</td><td rowspan="9">지역별 도시경제활성화 유도 용도</td><td>국제회의산업육성에관한 법률 상 전문회의시설, 준회의시설, 전시시설</td><td colspan="3" rowspan="9">인센티브 항목 및 적용량은 지역별 도시경제활성화 인센티브 적용기준에 따름</td></tr>
<tr><td>MICE 산업관련시설로 위원회에서 필요하다고 인정하는 경우</td></tr>
<tr><td>업무전용빌딩(업무시설 50% 이상 복합하는 경우에 한함) 설치시(단, 오피스텔 제외)</td></tr>
<tr><td>벤처기업육성에 관한 특별조치법 상 벤처기업 벤처기업 집적시설 도입 시</td></tr>
<tr><td>산업집적활성화 및 공장설립에 관한 법률 상 지식기반 산업 시설 도입시</td></tr>
<tr><td>관광진흥법 상 1성급 호텔이상 도입시</td></tr>
<tr><td>건축연면적의 30% 이상을 전용 40m2이하 주거도입 시</td></tr>
<tr><td>사회혁신 창조클레스터를 활용한 신성장산업육성을 위한 시설 도입 시</td></tr>
<tr><td>대학생 창업을 위한 창업지원센터 등 도입 시</td></tr>
<tr><td>생활 문화 인프라</td><td>공연장, 박물관, 미술관, 영화상영관 등</td><td>공연법 등록대상, 박물관 및 미술관진흥법 등록대상, 영화진흥법 등록대상</td><td>정률 부여</td><td>0.1</td><td>최대 30%</td></tr>
<tr><td>주거 안정</td><td>준공공임대주택</td><td>임대주택법에 의한 준공공임대주택 도입
(전용 60m²이하, 전체 연면적의 20% 이상 도입 시)</td><td>정량 부여</td><td>50%</td><td>최대 50%</td></tr>
<tr><td rowspan="3">공익 시설</td><td>건출물내 공익시설</td><td>도서관 및 독서진흥법 등록대상(문고제외), 영유아보육법 신고대상(가정보육시설 제외)
소규모 기업의 다양한 활동공간 (개방형라운지 등)을 제공하는 시설 도입시</td><td rowspan="3">정률 부여</td><td rowspan="3">0.1</td><td rowspan="3">최대 50%</td></tr>
<tr><td>특정층(최상층) 개방</td><td>재생관리지침에 따라 건축물 최상층에 공공에게 개방된 공공공간(전망대 로비) 조성 시</td></tr>
<tr><td>실내 공개공지</td><td>재생관리지침에 따라 기후변화 대응을 위한 실내 공개공지 도입 시</td></tr>
<tr><td rowspan="3">보행 가로 활성화</td><td>저층부 가로활성화용도</td><td>재생관리지침에 따라 가로활성화 용도 도입 시</td><td rowspan="2">정량 부여</td><td rowspan="2">30%</td><td rowspan="2">최대 50%</td></tr>
<tr><td>무장애도시조성</td><td>쟁애물 없는 생활환경 인증제도 시행지침상 우수 등급 인증 시</td></tr>
<tr><td>공공보행통로 등 (지하보행통로 포함)</td><td>재생관리지침에 따라 적합하게 조성 시</td><td>정률 부여</td><td>2</td><td>최대 30%</td></tr>
<tr><td>안전 ·방재</td><td>방재 관련시설</td><td>재생관리지침에 따라 방재와 관련된 시설 설치시</td><td>정량 부여</td><td>30%</td><td>최대 30%</td></tr>
</table>

※ 지역특성을 고려해 도시계획위원회 심의를 통해 별도의 허용 인센티브 항목 추가 적용 가능

※ 정률방식 인센티브량 = 기준용적률 x (도입시설면적 ÷ 대지면적) x 보상계수

※ 호텔 도입시 인센티브 적용기준

— 한양도성 도심부 지역 : 호텔복합비율에 따라 최대 100% 부여

— 한양도성 도심부 이외 지역 : 관련법규 및 서울시 방침에 따라 인센티브 적용

〈허용용적률 인센티브 적용 요건 및 부여량〉

허용용적률 인센티브 적용에 있어 위에 붉은색 항목을 적용토록 하겠다. 도시계획 심의를 통해 추가로 인센티브 항목을 적용 가능하나 그것은 심의를 받아 봐야 알 수 있는 사항이기 때문이다.

특이한 점은 공개 공지로 인한 인센티브 항목은 없다는 것을 유의해 두어야 한다. 건축물 내 공익시설은 기부채납 없이 운영만으로 인센티브 적용 가능하며, 방재 관련 시설은 하수도 등 공공시설이 포함될 수 있어 기획검토 시 적용하기 어려운 부분이다.

2030 기본계획이 수립 진행 중이다. 본 인센티브 적용 항목 중 친환경부분이 대폭 줄고 개방형 녹지라는 개념이 신설될 예정으로 열람공고되었다. 대략 대지면적의 30%가 의무적용되고 그 초과분부터 인센티브를 부여한다는 내용이나, 과도하게 확보해야 하는 토심과 Full 개방형으로 해야 하는 등 적용에 어려움이 있어 보인다. 개발사업 측면에서 기존 2025 기본계획보다 긍정적 변화는 아닌 것으로 생각된다.

(3) 도시경제 활성화 유도항목 적용 검토

구분	한양도성	
2030도시기본계획 중심지별 기본방향	• 역사문화중심지	
중심지별 육성전략	• 옛도시조직/가로 존중, 높이 관리 • 흔적남기기의 적극적인 도입 • 문화, 관광산업의 유치, 육성	• 다양한 도심형 주거 • 간선변 보행활성화 가로 조성
지역별 도시경제활성화 인센티브 적용 도입용도	• 공연장, 전시장 등 문화시설 • 국제회의시설, 전시시설	• 산업임대시설 • 도심형주거
인센티브 부여량	• 최대 100%	

※ 지역별 도시경제활성화 인센티브 적용 도입용도를 오입하는 경우, 다음과 같이 정률방식 인센티브량을 산정함

- 기준용적률 x (도입시설면적 ÷ 대지면적) x 보상계수(0.25)

※ 도심형주거의 주용도를 30%이상 개발한 경우, 주거복합 도입비율에 비례하여 최대 50%P까지 부여

- 주거복합비율 : 30%이상~40%미만 : 10%, 40%이상~50%미만 : 20%, 50%이상~60%미만 : 30%, 60%이상~70%미만: 40%, 70%이상 : 50%

용적률 인센티브를 받을 수 있는 항목이 한정적이기 때문에 주용도가 업무시설인 만큼 일정 부분 전시시설을 계획하여 허용용적률 가산을 받을 수 있도록 고려한다.

(4) 적용 용적률(사업부지 기반시설 부담률 적용)

구분	계획내용		비고
기준용적률	600% 이하	-	-
허용용적률	758% 이하	• 친환경 및 에너지 효율화, 역사자원보존 항목 의무 적용(100%) • 정책유도항목 및 중심지별 육성전략 선택 적용 (100%) • 계획의 유연성을 고려 인센티브 항목 탄력적 운영(위원회 심의)	건축계획 참고
상한용적률	905.4% 이하	• 상한용적률 = 허용용적률 x (1+1.3∂) = 758% x [1 + 1.3 x {1,418.7㎡ + (10,904.3㎡ − 1,418.7㎡)}] = 905.4% • ∂ : 공공시설 부지로 제공한 수의 대지면적 대 공공시설 부지로 제공하는 면적의 비율	높이 제한 (70m이하)을 감안한 적정 용적률 산정

3) 건축물 높이계획

2020 기본계획에서는 요건에 따라 높이 완화 규정이 있었으나, 2025 기본계획에서는 본 조항이 사라졌다. 추가완화를 받을 수는 없고 최고높이 이하로 계획해야 한다.

고층 건축물 폭원 55m 제한은 2025 기본계획에서는 없어졌으나 재생관리지침상 고층부 분절 및 5m 이상 후퇴 조항이 있기 때문에 기준으로 적용토록 한다.

· 건축물 높이계획

구분	최고높이	비고
높이계획	70m 이하	역사도심 기본계획 최고높이 = 도시환경정비사업 최고높이

※ 기존 높이완화 20m 미적용, 기부채납에 따른 높이완화 미적용
※ 도시계획위원회 심의를 거쳐 기준 높이를 하향 조정할 수 있음
※ 매장문화재를 전면 보존하고 기부채납 시 도시계획위원회 심의를 통해 높이 완화 가능
※ 11층 이상 건축물의 고층부(6층 이상)는 최대 폭원을 55m로 제한 (도시계획위원회 심의 통해 완화 가능,
2개동 이상의 타워형으로 건축 할 경우 각각 적용하되, 동간 이격거리는 최소 6m 이상 확보

〈해당 대지 높이 적용 기준〉

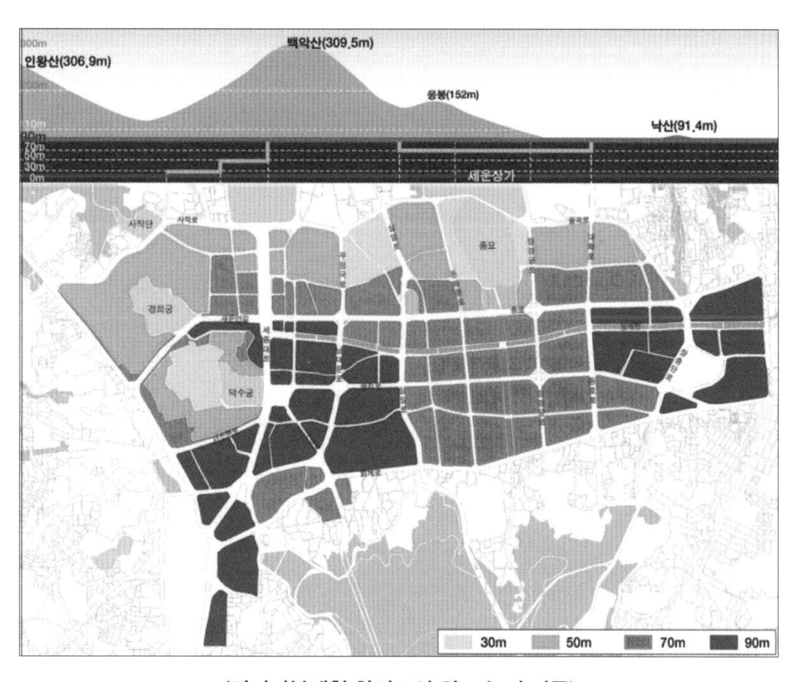

〈정비기본계획 한양도성 최고 높이 기준〉

2030 기본계획이 수립 진행 중이다. 서울 도심부의 기존 50~90m 최고높이 구간에 용적률 인센티브에서 등장한 개방형 녹지 의무비율 30% 적용 시 기본 20m를 최고높이에 추가해주는 내용이 신설될 예정으로 열람공고되었다.

4) 완료지구 관리방안

구분	완료지구 관리방안	비고
건축물의 신축 시 처리	미시행지구와 완료지구가 혼재된 구역의 완료지구의 신축 시에는 미시행지구의 기반시설과 소단위 정비형 지역의 기반시설을 우선 확보하는 것을 공공기여로 적용	미시행지구 기반시설 우선 확보
신축 허용 기준	정비사업 완료 후 30년 이상 경과된 건축물 또는 안전진단 결과 D등급 이상의 경우 도시계획위원회 심의를 통해 신축허용 원칙. 단, 종전 기준인 25년 경과 건축물은 도시계획 위원회 사전 자문을 절차를 거쳐 신축 허용 여부 결정	
신축 시 인센티브 운영 기준	완료지구 신축 시 용적률 적용 기준은 신규 정비사업 용적률 기준과 동일하게 적용(기준, 허용, 상한용적률)하며 구역 내 시급한 기반시설의 선확보, 건축물 기부채납 등 다양한 기부채납 방식과 공공기여 적용	신규 정비사업과 동일 적용

정비기본계획 후 구역지정 및 정비계획이 수립된다. 해당 구역은 이미 정비계획이 수립된 지역이나, 본 사업구역 내 지구는 이미 사업시행이 완료되었기 때문에 새로이 신축을 하기 위해서는 2025 기본계획의 내용을 기반으로 정비계획이 재수립되는 것이 원칙이다. 따라서 새로운 기본 계획의 내용을 바탕으로 정비계획 수립을 예상하여야 한다.

4. 법규 검토

앞서 도시환경정비사업 관련 사항은 면밀히 검토하였다. 건축규모 및 인허가기간에 관한 사항 확인을 위해 도시정비법을 포함한 전반적인 확인 필요 법규는 아래와 같다.

1) 규모 검토 시 확인 법규 및 주요 사항

(1) 도시환경정비법

건폐율, 용적률, 건축가능용도, 높이, 계획 시 반영할 사항 등

(2) 도시계획 조례

건폐율, 용적률, 건축가능용도 등

(3) 건축법

건축물의 피난시설(피난 계단, 비상승강기 등), 대지 내 공지, 공개공지, 최고높이

(4) 주차장 조례

주차 대수

2) 인허가 기간 검토 시 확인 법규 및 주요 사항

(1) 도시환경정비법

정비계획 수립 민간제안 절차

(2) 서울시 교통영향분석 및 개선대책에 관한 조례

교평심의

(3) 건축법

건축심의, 특수구조건축물 구조안전심의, 굴토심의

(4) 초고층 및 지하연계 복합건축물 특별법

사전재난영향성검토(Brief Check 초고층 또는 지하역사와 연결된 건축물)

(5) 서울시 환경영향평가 조례

환경영향평가 해당 여부 확인(Brief Check 연면적 10만 이상)

(6) 자연재해대책법

사전재해영향성 검토 확인(Brief Check 대지면적 5천 이상)

(7) 서울시 빛공해 방지 및 좋은빛 형성 관련 조례

빛공해 심의(Brief Check 5층 이상의 건축물)

(8) 경관법

경관심의(Brief Check 16층 이상 건축물, 중점경관관리구역 5층 이상 건축물)

(9) 교육환경보호에 관한 법률

교육환경평가(Brief Check 21층 이상 건축물: 주요 사항은 일조임)

(10) 지하안전관리에 관한 특별법

지하안전영향평가(소규모: 지하 10~20m 미만 / 정식: 지하 20m 이상)

(11) 기타 자치구 건축위원회 심의 또는 자문대상 확인

정비계획에 의해 가용용도, 건폐율, 용적률을 적용한다. 대지 내 공지는 건축선 및 인접대지 경계선으로부터 1m 이상 이격하며, 중심지 미관지구이기 때문에 대로변에서 전면공지 3m 이상을 확보한다.

공개공지 면적 10% 이상, 조경면적 15% 이상 조성예상하여 계획한다. 주차 대수는 부설주차장제한구역임을 고려하고, 업무시설 시설면적 200㎡당 1대로 산정한다. 인허가 기간이 변수인 지역이다. 인허가기간 검토 시 확인 법규 중 대부분이 해당될 것으로 예상된다.

3) 인허가 기간

- 계획도서 작성(2개월) → 정비계획변경(7개월) → 건축 및 교통 심의(3개월) → 사업시행인가 도서작성(2개월) → 사업시행인가 접수 및 완료(2개월) → 구조/굴토심의(1.5개월): Total 15.5개월

상기 주요절차 수행 중에 환경영향평가, 재난영향성검토, 사전재해영향성 검토, 지하안전영향평가 등 허가 전에 수행해야 할 각종 평가 및 검토는 병행하는 기준이다.

4) 계획 및 건축개요

업무시설 계획 시 업무지원시설, 직원들의 복리후생을 위한 복리시설, 메인 로비, 중앙공조를 위한 기전시설 등의 공간을 고려해야 한다. 사업부지가 큰 점을 활용해 사용자 측면에서 공용공간에 대한 불편함이 없도록 한다. 6층 이상에서 2개의 타워로 나뉘게 되므로 Core는 2개로 나뉘어 계획하고, 최고높이를 감안해 Min 천장고 2.7m 이상 확보를 위해 기준층 층고는 Min 4.0m 이상 계획한다.

(1) 코어구성

6층 이상 고층부의 과대한 폭을 줄이고 저층부와의 일정 거리 후퇴 조건을 염두에 두어 2개 동으로 구성한다. 따라서 코어도 2개로 나누는데 보통 이 정도 대지 규모에서는 굳이 상기 조항이 없더라도 트윈타워로 구성하는 것이 적합하다. 본 건물의 법정 엘리베이터 대수는 계산을 해 보면 23대 이상이 된다. 16인승 이상 사용 시 2대로 판정되어 12대 이상의 엘리베이터가 필요하다. 사용자의 편의를 고려하여 셔틀엘레베이터 및 비상용 엘레베이터를 포함하여 법정대수의 1.5배 내외로 계획하고 엘리베이터 홀의 폭은 4m 이상 되도록 한다. 계획각론에서는 코어 배치에 따라 아래와 같은 특징을 나타내고 있는데 참조하도록 하자.

코어 유형	코어의 형태	특 징
중심코어형		• 기준층의 면적이 1,500 ~ 3,000m² 정도에 적합함 • 규모가 큰 평면에 적합함 • 실의 깊이가 15 ~ 20m 인 경우 배선에 유리함
분산 코어형		• 지능형건물(intelligent Building)의 기준층 평면에 주고 적용되는 코어 형식 • 배선구역이 명확하고 사무공간의 변화에 대한 대응성이 높음 • 기준층의 면적이 1,700 ~ 4,000m² 정도에 적합함
편심 코어형		• 중,대규모의 사무소건물에 적용되는 유형 • 기준층의 면적규모가 500 ~ 2,000m² 정도에 주로 채택

양측 코어형		• 중규모 이상의 사무소건물에서 주로 채택되는 유형 • 방재계획에 유리한 형식 • 기준층의 면적규모가 1,000 ~ 1,500m²인 경우에 적합함
독립 코어형		• 각종 설비를 위한 배선공간의 처리에 불리한 형태 • 코어가 장방형의 세장한 평면에서 단부에 위치할 경우, 배선에 특히 불리함

(2) 로비

업무공간의 로비는 외부공간과 내부 공간을 연결시켜 주는 관문으로 출입객들의 흐름을 원활히 하며 이용인들에게 개방된 공공부분 성격을 가진 대화의 장소이다. 또한 안내소를 설치하여 안내나 면담의 장소로도 이용되며 로비를 지나 사무공간에 이르는 사이에 로비의 성격이나 품격이 그 건물의 이미지로도 남게 된다. 특히 규모가 있는 건물의 경우는 더욱 그렇다. 따라서 기획설계를 할 때 일정부분 정량화할 수 있는 면적에 관련된 사항을 알아보도록 하겠다.

– 업무시설 1인당 사용하는 사무공간의 면적: 8.3㎡(2.5평)
[사무공간 면적=순수개인 점유면적+개인 분배 공용면적(회의실, 통로, 휴게실, 창고 등): 서울 주요 사무직, 기술직군 업무시설의 평균값 수준]

Main 로비에서 사람들이 원활 또는 다소 혼잡 또는 혼잡하다고 느끼는 사례에서 보면 대략 상주인 1인당 점유 로비면적이 0.11평 이상 시 원활, 0.05평 이상 시 다소 혼집, 그 미만은 혼잡하다고 느끼고 있다고 분석된다. 따라서 기획설계 시 업무시설 등에 있어서 로비 공간의 중요성을 인식해야 하며, 그 면적은 대략적이나마 지상층 업무공간에 따른 상주인구×0.05평 이상의 로비 공간의 면적을 확보할 수 있도록 하자. 보통 이 혼잡하다는 정도를 출퇴근 시간에 엘리베이터 홀 앞과 로비에 길게 늘어선 줄 때문에 느끼는 경우가 많은데 기획단계에서부터 엘리베이터 적정대수와 로비의 적정면적은 반영한다.

(3) 상품 구성

B1~2F은 근린생활시설 및 전시시설, 2~3F은 공공기여에 따른 공공업무시설, 4F부터는 업무시설 용도로 적용한다. 총 기부채납 면적 1,418㎡ 중 공공기여시설물(기부채납하는 시설의 대지지분과 시설물 설치에 따른 환산부지 면적)로 일부 충당 후 남는 면적은 미시행 정비 구역의 기반시설을 확보하는 구도이다.

(4) 주동배치 및 지상층별 면적

트윈타워로 지하주차 동선을 고려하여 코어 위치를 정하고 동간 이격거리는 기본 계획에 명시된 대로 8m 이상 고려한다. 지하 1층과 1층 근린생활시설 및 로비 부위는 쾌적한 공간 구성이 중요하기 때문에 층전용률을 많이 고려하지 않는다. 보통 50% 전후가 형성되지만 각 시설용도별로 나누어 안분되기 때문에 해당 층의 근린생활시설 전용률을 크게 감소시키지는 않는 결과가 최종적으로는 도출된다. 2층 이상부터는 업무시설이 주가 되므로 층 전용률을 70% 초반으로 형성한다. 즉, 코어부(엘리베이터홀, 계단, 화장실 등)의 면적비율이 25%~30% 정도 되면 적정하다.

건물 높이에 있어서 확보할 수 있는 용적률에 비해 허용되는 높이가 그리 여유 있지는 않다. 최대한 상한용적률에 근접할 수 있되, 유효 천정고가 확보될 수 있도록 층고를 설정하여야 한다. 1층부는 5m 이상, 기준층 층고는 4m 이상 계획한다. 본 업무시설과 같은 건축물은 RC 구조로 형성되므로 지상층에서 트렌스퍼층이 형성되지 않도록 계획한다. 트렌스퍼층이 생기게 되면 그 부분만큼 손실되는 높이가 크기 때문이다.

(5) 지하층별 면적

부설주차장 설치제한구역으로 법정대수산출에서 차이가 있다. 업무시설 200㎡당 1대, 근린생활시설 268㎡당 1대, 문화 및 집회시설 200㎡당 1대이며, 이 기준으로 산출된 주차 대수보다 추가 설치할 수 없다. 보통 부설주차장 설치제한구역에서는 주차 대수를 대폭 줄일 수 있으나 본 기획 시에는 법정상한까지 계획해야 한다. 하지만 주차 대수 산정기준 자체가 제한구역이 아닌 지역의 2분의 1이기 때문에 각 용도별 전체 전용률은 상승하게 되는 효과가 있다. 참고로 주차설치 제한구역에서도 장애인, 화물조업 등을 위한 주차 대수 최소 1대 이상은 반영해야 한다.

(6) 건축개요

- 계획 층수: 지하 4층, 지상 17층
- 상품 구성: 지하 1층 근생, 문화 및 집회시설, 1층 근생, 지상 2~3층 공공업무시설, 지상 4층~업무시설
- 계획 용적률: 901.7%(법정 905%)
- 계획 높이: 69.9m(로비 5.0m / 기준층 4.0m)
- 전체 연면적: 115,018.7㎡

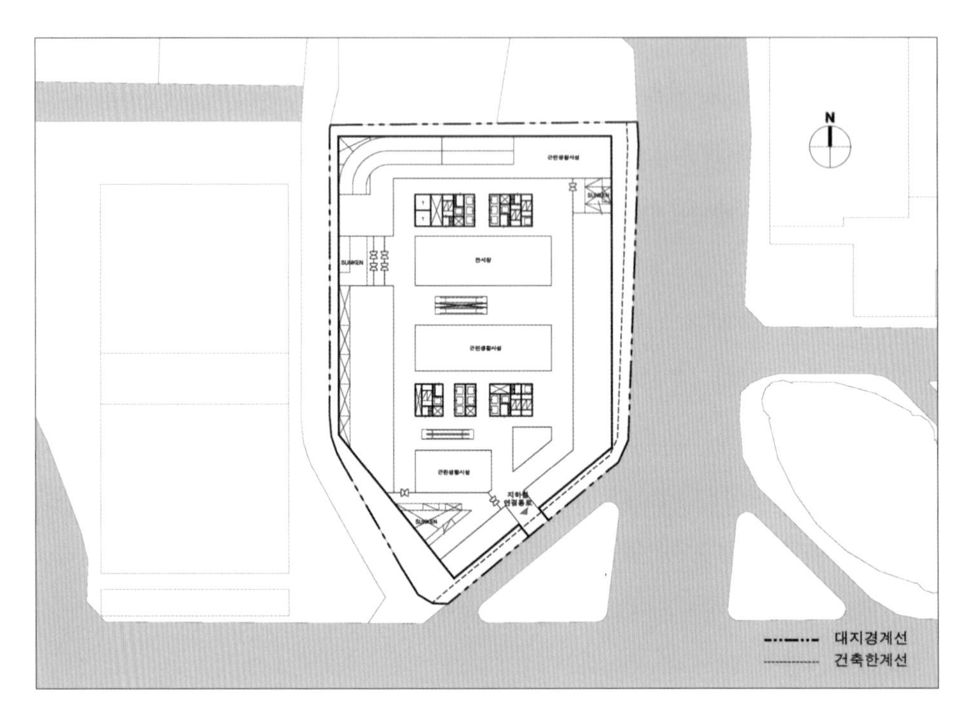

〈지하층〉

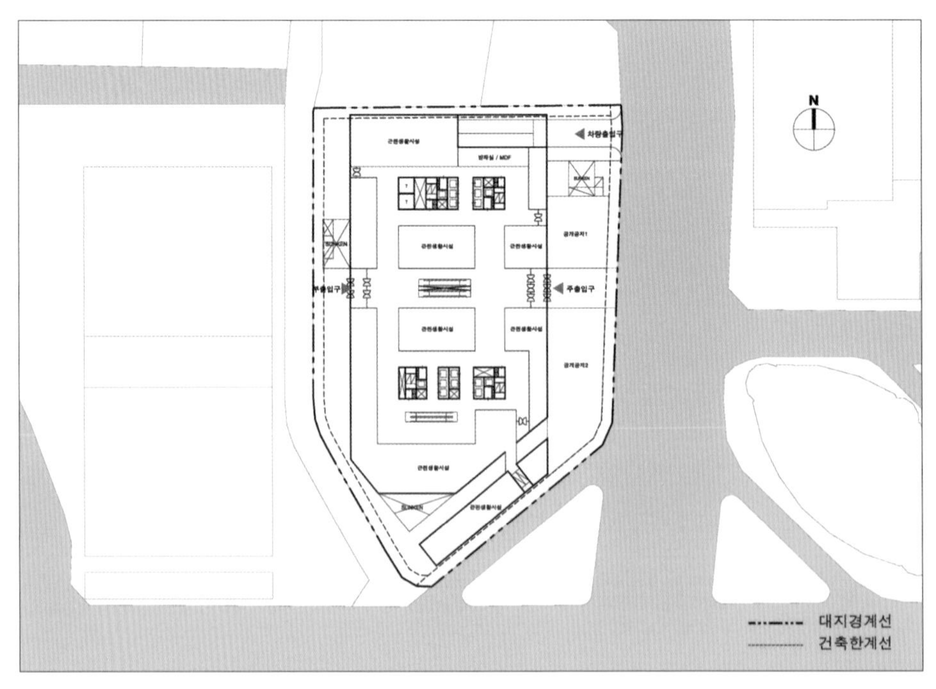

〈1층〉

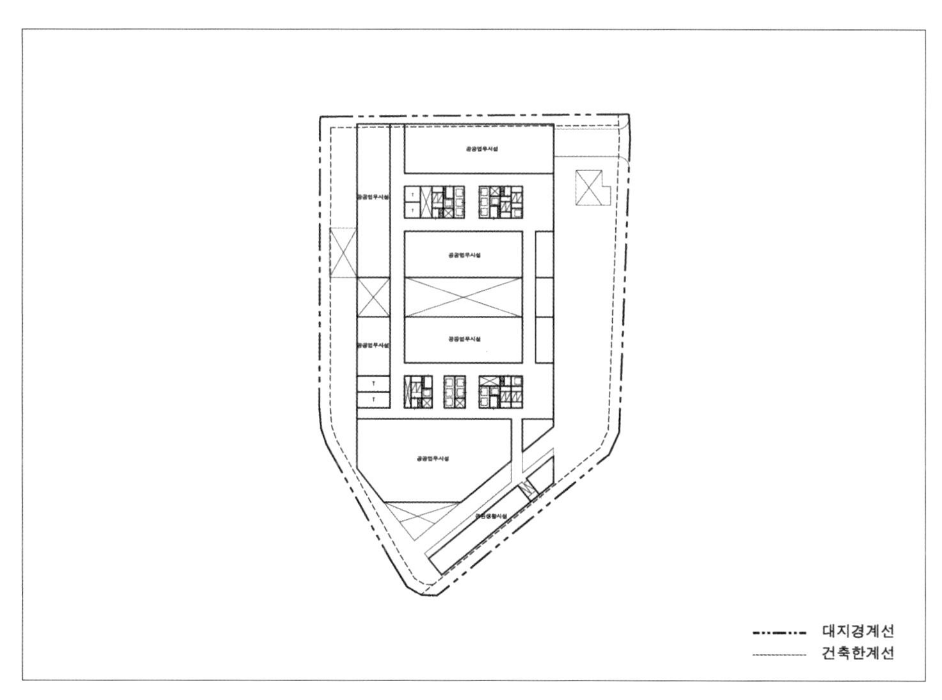

〈2층〉

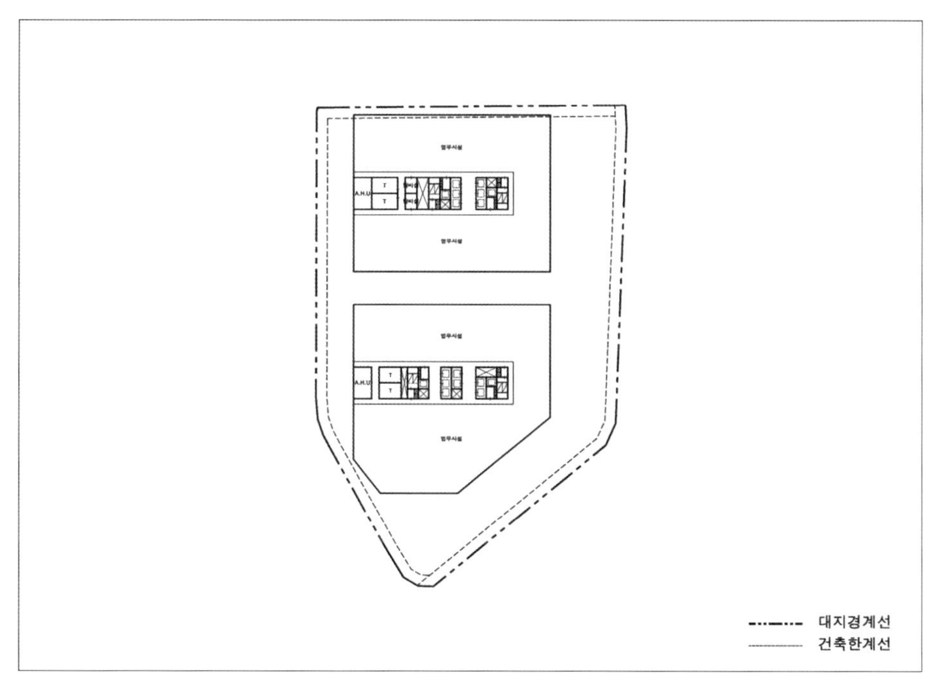

〈기준층〉

CHAPTER 11.

용도변경 및 대수선이란

1. 용도변경이란

사용승인을 받은 건축물의 용도를 다른 용도로 변경하는 행위를 말한다. 용도변경은 변경하려는 용도의 건축기준에 적합하여야 하며, 건축물의 용도를 변경하고자 하는 때는 그 용도의 변경 범위에 따라 인허가권자의 허가를 받거나 신고 또는 건축물대장 기재내용의 변경을 신청하여야 한다.

즉, 용도변경을 받으려면 허가 또는 신고 또는 신청을 해야 한다. 다시 말해 허가, 신고, 신청행위 모두 용도변경인 것이다. 그리고 용도변경의 허가나 신고대상인 경우는 면적기준에 따라 정식으로 준공 시에 행하는 사용승인 절차를 밟아야 한다.

1) 기타 건축법 주요 준용 조항

건축허가 및 신고, 허가 및 신고사항의 변경, 조경, 공개공지, 피난시설, 내화구조 및 방화벽, 방화지구, 대지안의 공지, 높이제한(일조 등 포함), 승강기 등.

2) 기존 건축물의 특례

법령 등의 제정, 개정으로 인해 기존 건축물이 현재의 법령 등에 적합하지 아니하게 된 경우, 지자체별 조례에 따라 용도변경 허가 또는 신고를 수리할 수 있도록 특례를 두고 있다. 서울시의 경우 대지안의 공지 관련 사항만을 특례로 두고 있다.

2. 용도변경 허가 또는 신고

시설군	세부 용도
자동차 관련 시설군	자동차 관련 시설
산업 등 시설군	운수시설, 창고시설, 공장, 위험물저장 및 처리시설, 자원순환 관련 시설, 묘지 관련 시설, 장례식장
전기통신 시설군	방송통신시설, 발전시설
문화집회 시설군	문화 및 집회시설, 종교시설, 위락시설, 관광휴게시설
영업 시설군	판매시설, 운동시설, 숙박시설, 제2종 근린생활시설 중 다중생활시설
교육 및 복지 시설군	의료시설, 교육연구시설, 노유자시설(老幼者施設), 수련시설
근린생활시설군	제1종 근린생활시설, 제2종 근린생활시설(다중생활시설은 제외한다)
주거업무시설군	단독주택, 공동주택, 업무시설, 교정 및 군사시설
그 밖의 시설군	동물 및 식물 관련 시설

허가

신고

건축물 대장 기재내용 변경

1) 사용승인의 준용

허가나 신고사항의 용도변경으로 바닥면적의 합계가 100㎡ 이상인 경우의 사용승인에 관하여는 건축법상의 건축물의 사용승인 절차와 방법을 준용한다. 단, 바닥면적의 합계가 500㎡ 미만으로 대수선에 해당되는 공사를 수반하지 않은 경우는 제외한다.

2) 설계의 준용

용도변경 허가대상인 경우로서 용도변경하려는 부분의 바닥면적의 합계가 500㎡ 이상인 용도변경의 설계에 관하여는 건축법상의 건축물의 설계의 절차와 방법을 준용한다.

사용승인 시 제출 서류에 보면 감리완료보고서와 공사완료도서 등의 서류를 제출해야 한다. 그러면 용도변경 시에 감리자를 지정해야 하느냐는 의문점이 생긴다. 용도변경 시의 준용법규에 건축법에 근거한 감리조항은(건축법 25조) 포함되어 있지 않다. 즉, 감리자 지정에 해당하는 공사가 수반되면 감리를 지정해야 하고 그렇지 않으면 안 해도 된다. 다시 말해, 용도변경허가나 신고사항에 따라 감리자 지정이 되고 안 되고 하는 점은 없다는 것을 기억하자.

건축법에는 다음 각 사항의 어느 하나에 해당하는 경우 건축사를 감리자로 지정하라고 되어 있다.

- 건축법 11조에 따라 건축허가를 받아야 하는 건축물을 건축하는 경우(건축신고는 해당하지 않음)
- 건축법 시행령 6조 1항 6호에 따른 건축물을 리모델링하는 경우

여기서 두 번째 항목 건축법 제6조제1항제6호에 따른 건축물을 리모델링하는 경우에는 감리를 지정해야 하는데, 리모델링이란 건축물을 증축 또는 대수선하는 경우이다. 만약 용도변경에 증축은 많이 포함이 안 되겠지만 대수선이 수반된다면 상기조항에 따라 감리자를 배치해야 한다. 6호에 따른 자세한 건축물은 법령을 참조하기 바라며, 약간 이해하기 어려운 부분을 설명하자면 제6호 다항이다. 이는 2009년 이전에 건축 또는 대수선한 건축물로서 현재 건축법 시행령 제32조에 따

른 구조안전의 확인서류 중 일부 또는 전부의 제출 대상이 아니었고, 건축물을 건축 또는 대수선하기 전후의 구조안전의 확인 서류를 제출할 건축물이다. 말이 참 어렵다. 다시 말하면, 2009년 이후에 건축 또는 대수선을 하여 구조안전의 확인서류 제출 대상인 건축물이면 위 제6호 사항은 해당이 없게 된다.

3) 건설공사의 감리기준

건설공사의 감리기준은 크게 건설기술진흥법, 건축법, 주택법에서 규정하고 있다. 건설기술진흥법에 따른 감리는 발주청(국가, 지방자치단체, 공공기관 등)이 시행하는 공사에 적용되며, 건축법에 따른 감리는 민간 또는 공공기관이 시행하는 건축공사에, 주택법에 따라 사업계획승인을 받은 주택건설공사는 주택법에 따른 감리를 시행토록 하고 있다.

(1) 건설기술진흥법에 따른 감리

건설공사가 관계법령이나 기준, 설계도서 등에 따라 적정하게 시행될 수 있도록 관리하거나 시공관리, 품질관리, 안전관리 등에 대한 기술지도를 하는 건설사업관리 업무라고 정의하고 있다. 그 건설사업관리 업무를 위탁받아 수행하는 것을 건설기술용역이라고 한다. 즉, 건설기술용역업에 등록된 건설기술용역업자가 건설사업관리 업무를 하면 되는 것이다. 또한 본 법 제42조에 따라 건설사업관리를 수행한 경우에는 건축법 제25조에 따른 공사감리 또는 주택법 제24조에 따른 감리를 한 것으로 본다.

건설기술용역업은 크게 종합분야, 설계및사업관리분야, 품질관리분야로 되어 있고, 세부적으로는 설계 등 용역업무, 건설사업관리업무, 각 분야별 품질검사업무로 분류할 수 있다.

가. 건설사업관리 해당 공사

발주청은 대부분의 공사를 건설기술용역입자로 하여금 건설사업관리를 하게 할 수 있으며, 시행령 제55조에 따른 총공사비가 200억 원 이상인 해당 건설공사에는 적용하여야 한다. 시행령 제57조에 따른 총공사비가 300억 이상인 건설공사의 기본 및 실시설계용역 등에 대해서는 건설사업관리를 적용한다.

나. 건설사업관리 기술자의 배치

시행령 제60조에 따라서 공단계의 건설사업관리를 수행하는 건설사업관리 용역업자는 해당 공사의 규모 및 공종에 적합하다고 인정하는 건설기술자를 업무에 배치해야 한다. 또한 책임건설기술자를 국토교통부령으로 정하는 기준에 따라 배치하여야 하며, 책임건설기술자는 건설공사 중 재시공, 공사 중지 명령이나 그 밖에 필요한 조치의 권한을 위임받는다.

다. 건설사업관리 건설기술자의 배치기준(시행규칙 제35조)

총공사비규모(100억 이상 각 구간)에 따라 적격자격 및 경력을 가진 기술자를 배치해야 한다(건설공사 품질관리를 위한 시설 및 건설기술자 배치기준은 시행규칙에서 별도로 정하고 있다).

건설기술용역 대가 등에 관한 기준에 따라 종합 또는 설계 단계 또는 시공 단계의 건설사업 관리 시 투입 인원과 대가에 관한 기준을 두고 있다. 건설사업관리용역업자는 본 기준에서 정한 기술자 인수 이상의 각 분야별 기술자의 배치계획을 건축주(발주청)에 제출하여 승인받아야 한다. 투입 인원수 산정 기준에 따라 인원수를 산정하면 많은 인원수가 산정된다. 그러나 적은 인원수로 과도한 감리업무를 지양하고 적정 인원수를 통한 건축물 사업관리업무를 수행하게 하는 점에 있어 앞으로 지향해야 할 기준이 될 수 있으니 참조해야 할 것이다.

(2) 건축법에 따른 감리

가. 건축사를 배치하여야 하는 경우

- 건축허가를 받아야 하는 건축물(신고대상은 제외)을 건축하는 경우
- 시행령 제6조제1항제6호에 따른 건축물을 리모델링하는 경우

나. 다중 이용 건축물을 건축하는 경우

건설기술진흥법에 따른 건설기술용역업자 또는 건축사(건설기술진흥법 시행령에 따른 배치 기준을 충족하여 건설사업관리기술자를 배치하는 경우에 해당하며 배치 기준은 시행규칙 제35조 참조)

다. 감리사 자격

- 건축사법 4조에 따른 공사감리자(건축사사무소개서를 신고한 건축사 또는 건축사사무소에 소속된 건축사)
- 건설기술용역업자에 소속된 건축사로서 건설기술진흥법에 따라 수행하는 건설사업관리 시 가능
- 엔지니어링사업자에 소속된 건축사로서 동법 시행규칙에서 정하는 특수구조 건축물 또는 특수구조물의 감리 시 가능

라. 감리사보

시행령 제19조제5항에 따라 일정규모 및 용도 공사 시에는 건축분야의 건축사보를 전체 공사기간 동안 감리업무를 수행하게 하여야 한다. 그리고 토목, 전기, 기계분야의 건축사보 한 명 이상을 해당 공사기간 동안 현장에서 감리업무를 수행하게 하여야 한다.

마. 감리비

- 건축사법 19조의 3규정에 의한 대가기준에 의해 국토부에서 고시한 공공발주

사업에 대한 건축사의 업무 범위와 대가 기준에 의해 산정(공사비 요율 또는 실비정액가산방식)

- 실비정액가산방식은 건설산업진흥법상에 의해 국토부에서 고시한 엔지니어링사업 대가의 기준에 따른다.

(3) 주택법에 따른 감리

가. 건축사법 또는 건설기술 진흥법에 따라 감리자격이 있는 자를 주택건설공사의 감리자로 지정한다.

나. 건축, 기계, 토목, 전기 분야는 인허가권자가 입찰형식으로 선정하며, 통신 소방은 사업시행자가 선정한다.

다. 인허가권자가 선정하는 감리 부분에 있어서 감리비용은 주택건설공사 감리비 지급 기준을 참조 바란다.

라. 전력기술관리법, 소방시설공사업법, 정보통신공사업법의 감리배치 및 감리비는 다음 해당 규정에 의한다.

- 전력기술관리법 운영 요령에 따라 감리배치 및 감리대가(실비정액가산방식)를 산정한다.

  : 전력기술관리법에 따라 감리 발주자 직접 계약

  : 전력기술관리법 및 시행령에 따라 감리대상 공사적용(법 제12조 시행령 제20조)

- 소방시설공사업법 시행령 및 시행규칙에 따라 감리배치 및 감리대가(실비정액가산방식)를 산정한다.

  : 소방시설공사업법에 따라 설계 및 감리 발주자 직접 계약

  : 소방시설공사업법에 따라 감리대상 공사적용(법 제17조 시행령 제10조)

– 정보통신공사업법 시행령 제11조에 따라 감리의 배치를 적용한다.

  : 정보통신공사업법에 따라 설계 및 감리 발주자 직접 계약

  : 정보통신공사업법 및 시행령에 따라 감리대상 공사적용(시행령 제8조)

전기통신소방의 경우 각 법령에서 정하는 바에 따라 감리원의 자격, 배치 기준, 종류, 방법, 대상을 확인해야 하며 용도변경 시 해당 법령에 따른 공사가 수반될 경우 감리원을 배치하여야 한다. 또한 각 법령에서 제시한 등록 기준을 준수하여 해당 감리업 또는 공사업종에 등록이 되어 있어야 한다.

4) 용도변경 시 확인사항

(1) 직통 계단

직통 계단이란 모든 층에서 피난층 또는 지상으로 직접 연결되는 계단을 의미한다. 직통 계단은 막힘이 없는 대피통로를 마련해 주기 위한 것으로 계단을 일방향으로 계획한 경우 실내의 다른 부분인 복도나 거실 등을 거치지 않고 피난할 수 있어야 한다.

(2) 피난층

직접 지상으로 통하는 출입구가 있는 층 및 피난안전구역을 말한다.

(3) 보행 거리

가. 원칙

거실의 가장 먼 곳으로부터 직통 계단까지의 보행 거리는 30m 이내.

나. 완화

주요구조부가 내화구조 또는 불연재료로 된 16층 이상 공동주택 40m 이내, 주요구조부가 내화구조 또는 불연재료로 된 건축물 50m 이내.

건축법상 보행 거리는 30m가 원칙이나, 대체로 건축물을 콘크리트로 건축하므로 실제(공장이 아닌 일반 건축물) 보행 거리는 50m가 일반적이다.

(4) 2개 이상의 직통 계단을 설치해야 하는 건축물

건축물의 용도	건축 규모
제2종 근생(공연장·종교집회장), 문화 및 집회시설(전시장 및 동·식물원 제외), 종교시설, 위락시설(주점영업), 장례식장	그 층 해당 용도로 쓰는 바닥면적 합계가 200㎡ (제 2종 근생 중 공연장·종교집회장은 각각 300㎡) 이상
단독주택(다중주택·다가구주택), 제1종 근생 (정신과의원(입원실이 있는 경우로 한정)), 제2종 근생(인터넷 컴퓨터 게임시설 제공업소(해당 용도 바닥면적 합계 300㎡ 이상 경우만 해당) · 학원·독서실), 판매시설, 운수시설(여객용 시설만 해당), 의료시설(입원실이 없는 치과병원 제외), 교육연구시설(학원), 노유자시설(아동 관련 시설·노인복지시설·장애인 거주시설(장애인 거주시설 중 국토교통부령으로 정하는 시설) 및 장애인 의료재활시설), 수련시설(유스호스텔) 또는 숙박시설	3층 이상의 층으로서 그 층 해당 용도로 쓰는 거실 바닥면적 합계가 200㎡ 이상
공동주택(층당 4세대 이하인 것은 제외), 업무시설(오피스텔)	3층 이상의 층으로서 그 층 해당 용도로 쓰는 거실 바닥면적 합계가 300㎡ 이상
기타 용도 : 지상층	3층 이상의 층으로서 그 층 해당 용도로 쓰는 거실 바닥면적 합계가 400㎡ 이상
기타 용도 : 지상층	3층 이상의 층으로서 그 층 해당 용도로 쓰는 거실 바닥면적 합계가 200㎡ 이상

(5) 피난 계단

가. 직통 계단을 피난 계단의 구조로 해야 하는 대상

- 원칙: 지하 2층 이상 또는 지상 5층 이상 층에 설치하는 직통 계단
- 예외: 5층 이상인 층의 바닥면적의 합계가 200㎡ 이하인 경우와 5층 이상인 층의 바닥 면적 200㎡ 이내마다 방화구획이 되어 있는 경우

나. 피난 계단의 구조 및 주요 내용

- 돌음 계단으로 할 수 없음, 출입구 및 계단의 유효너비는 0.9m 이상
- 갑종방화문을 설치하고, 높이3m 이상 계단에는 너비 120cm 이상의 계단참 설치
- 건물 내부에서 계단실로 통하는 출입구는 언제나 닫힌 상태를 유지하거나 센서감지하여 자동적으로 닫히는 구조로 된 갑종방화문을 설치할, 도어클로저 사용 가능

(6) 특별 피난 계단

가. 직통 계단을 특별피난 계단의 구조로 해야 하는 대상

- 원칙: 건축물(갓복도식 공동주택 제외)의 11층(공동주택은 16층) 이상인 층 또는 지하 3층 이하인 층으로부터 피난층 또는 지상으로 통하는 직통 계단(해당 층 바닥면적 400㎡ 미만인 층은 제외)
- 강화: 직통 계단을 피난 계단 또는 특별피난 계단으로 설치하여야 하는 대상 중 판매시설 용도로 쓰는 층으로부터의 직통 계단은 그중 1개소 이상을 특별피난 계단으로 설치하여야 한다.

나. 특별피난 계단의 구조 및 주요 내용(건축물 내부 부속실을 설치하는 경우)

- 건축물 내부에서 배연설비가 있는 면적 3㎡ 이상의 부속실을 통하여 계단실에 진입할 것
- NFSC 501A에 따라 해당 부속실은 제연구역으로 설정되며, 제연구역 내의 출입문(창문 포함)은 자동으로 닫히는 구조이거나, 센서감지에 의해 자동적으로 닫히는 구조로 하며, 단 아파트의 경우 제연구역에서 계단실로 통하는 방화문

은 자동폐쇄장치를 설치할 것

- 돌은 계단으로 할 수 없음, 출입구 및 계단의 유효너비는 0.9m 이상
- 갑종방화문을 설치하고, 높이 3m 이상 계단에는 너비 120cm 이상의 계단참 설치
- 건물 내부에서 계단실로 통하는 출입구는 언제나 닫힌 상태를 유지하거나 센서감지하여 자동적으로 닫히는 구조로 된 갑종방화문을 설치, 도어클로저 사용 가능

(7) 비상용승강기

비상용 승강기란 화재 시 소화 및 구조 활동에 적합하게 제작된 엘리베이터로 높이 31m를 넘는 건축물에는 승용승강기와 별도로 추가 설치를 하여야 한다.(건축법 시행령 제90조제1항)

가. 비상용승강기의 설치의무 대수 기준

- 높이 31m를 넘는 각층의 바닥면적 중 최대 바닥면적이 1,500㎡ 이하인 건축물은 1대 이상
- 높이 31m를 넘는 각층의 바닥면적 중 최대 바닥면적이 1,500㎡를 넘는 건축물은 1대에 1,500㎡를 넘는 매 3,000㎡ 이내마다 1대씩 더한 대수 이상

나. 비상용승강기 설치 제외 기준

- 31m를 넘는 각 층을 거실 외의 용도로 쓰는 건축물
- 31m를 넘는 각 층의 바닥면적의 합계가 500㎡ 이하인 건축물
- 높이 31m를 넘는 층수가 4개 층 이하로 당해 각 층의 바닥면적의 합계 200㎡ 이내마다 방화구획으로 구획된 건축물

다. 비상용승강기의 승강장의 구조

- 창문, 출입구 기타 개구부를 제외한 부분은 당해 건축물의 다른 부분과 내화구조의 바닥 및 벽으로 구획할 것
- 공동주택의 경우에는 특별피난 계단의 부속실과 비상용승강기의 승강장을 겸용 가능
- 외부를 향하여 열 수 있는 창문이나 배연설비를 설치할 것
- 승강장의 바닥면적은 비상용승강기 1대에 대하여 6㎡ 이상으로 할 것

라. 비상용승강기의 승강로의 구조

- 승강로는 당해 건축물의 다른 부분과 내화구조로 구획할 것
- 건축물의 용도에 따라 1~2시간의 내화구조 성능 기준을 충족하는 내화구조

마. 승용승강기를 비상용승강기 구조로 할 경우 승용승강기 대수 산정 기준

비상용승강기의 대수 산정 기준과 승용승강기의 대수 산정 기준은 각각의 기준에 의해 필요 대수를 산정한다. 다만, 승용승강기를 비상용승강기의 구조로 할 경우 겸용할 수 있다. 예를 들어 승용승강기가 3대 필요하고 비상용승강기가 1대 필요한 건축물규모에서 승용승강기 3대 중 1대를 비상용승강기의 구조로 할 경우 해당 건축물에는 총 3대의 승강기를 설치함으로써, 법적 기준을 달성할 수 있는 것이다.

⑻ 방화구획

가. 방화구획이란 화재 시 옆방이나 위쪽으로 불이 옮겨 가지 않도록 내화구조로 된 바닥벽 및 갑종방화문(자동방화셔터 포함)으로 구획하는 것이다.

나. 설치 기준

구분	면적기준	스프링쿨러 등을 설치한 경우
면적별구획	1,000㎡ 11층 이상 바닥면적 200㎡ (불연재 사용 시 500㎡)	기준면적의 3배까지 완화 1,000㎡ → 3,000㎡ 200㎡ → 600㎡ 500㎡ → 1,500㎡
층별구획	지하층, 3층 이상의 모든층 (지하1층에서 지상으로 연결하는 경사로 부위제외)	
용도구획	건축물의 일부가 「건축법」 제50조 제1항의 규정에 의한 건축물에 해당하는 경우에는 그 부분과 다른 부분을 방화구획해야 함	

다. 방화구획을 적용하지 않거나 완화해서 적용할 수 있는 건축물의 부분(건축법 시행령 제46조제2항)

- 계단실 부분, 복도 또는 승강기의 승강로 부분(승강을 위한 로비 포함)으로 그 건축물의 다른 부분과 방화구획으로 구획된 부분
- 복층형 공동주택의 세대별 층간 바닥 부분
- 주요 구조부가 내화구조 또는 불연재료로 된 주차장

오래된 건물에서 일방향 직통 계단을 자주 볼 수 있다. 복도와 연결되어 있어서 방화도어도 없고 방화구획화되어 있지도 않다. 따라서 용도변경 시 방화구획 설정에 대한 원칙과 그 예외조항을 숙지하여 물리적으로 반영 가능한지 사전에 파악해야 한다.

층간 방화는 본 조항에 의해 건축물의 다른 부분과 방화구획화해 준다면 방화구획 예외조항이 되어 층간방화 대상에서 제외 가능하다.

피난 계단은 해당 층의 바닥면적 200㎡ 이내마다 방화구획화한다면 피난 계단

조항을 예외로 하여 방화도어를 설치하지 않아도 된다. 사실 방화도어가 문제가 아니고 공간의 제약으로 계획 시 계단참을 만들 수 없는 상황이 피난 계단 설치 시 더 애로사항이다.

계단참은 높이 3m 이상의 계단에는 3m 이내마다 정해진 폭 이상의 계단참을 설치해야 한다.

1960년대 지어진 건축물은 당시에 본 기준인 건축물의 피난, 방화구조 등의 기준에 관한 규칙이 없었기 때문에 불법 건축물은 아니다. 그러나 용도변경 시 적용의 완화 또는 기존건축물의 특례조항에 건축법 49에 있는 계단에 관한 사항은 없기 때문에 지켜져야 한다고 보는 게 맞지만, 적용이 매우 어려울 시 담당 인허가권자와 협의하여 진행 바란다.

라. 지하주차장 직통 계단 관련 정리

건축법시행령 제34조제2항제5호의 규정에 의하면 지하층으로서 그 층의 거실의 바닥면적의 합계가 200㎡ 이상인 경우에는 직통 계단을 2개소 이상 설치토록 규정하고 있다.

「건축물의 피난 방화구조 등의 기준에 관한 규칙」 제25조제1항제1호에 따라 지하층의 거실의 바닥면적이 50㎡ 이상인 층에는 직통 계단 외에 피난층 또는 지상으로 통하는 비상탈출구 및 환기통을 설치하어야 한다고 규정(직통 계단 2개소 이상 설치 시 예외)하고 있다.

건축물의 피난 방화구조 등의 기준에 관한 규칙 제25조제1항제2호에 따라 지하층 바닥면적이 1천㎡ 이상인 층에는 피난층 또는 지상으로 통하는 직통 계단을 건축법 시행령 제46조의 규정에 의한 방화구획으로 구획되는 각 부분마다 1개소 이상 설치하되, 피난 계단 또는 특별피난 계단의 구조로 해야 한다.

주차램프는 직통 계단 역할을 할 수 없고, 지하 기계전기실은 작업공간의 범위에 들어 거실로 볼 수 있다.

지하에 내화구조 또는 불연재료로 된 순수 지하주차장만 설치된 경우 방화구획의 적용완화규정에 의해 방화구획을 하지 않아도 된다. 방화구획을 적용받지 않기 때문에 지하층 관련 건축물의 피난 방화구조 등의 기준에 관한 규칙을 적용하지 않는다. 또한 거실이 없기 때문에 직통 계단 설치 기준이 없으므로 예외 적용된다.

그러나 실제 지하에는 기계 · 전기실이 있어 그 공간이 거실로서의 기능이 인정된다면 상기 법령 조항에 따라 설치하여야 할 것이다.

마. 아파트 대피 공간 기준

– 원칙

공동주택 중 아파트로서 4층 이상인 층의 각 세대가 2개 이상의 직통 계단을 사용할 수 없는 경우에는 각 세대별 2㎡ 이상의 대피 공간 설치(인접 세대와 공동 설치하는 경우 3㎡ 이상)

– 완화

인접 세대와의 경계벽이 파괴하기 쉬운 경량구조등인 경우, 경계벽에 피난구를 설치한 경우, 발코니 바닥에 국토부령으로 정하는 하향식 피난구를 설치한 경우 등

가끔 도시형생활주택을 건축 시 직통 계단 2개소 기준이 되는 면적범위에 따라 1개소만 설치하는 건축물을 볼 수 있다. 그러나 대피 공간 미적용 시 필요한 직통 계단 2개소는 별도 기준에 의해 준수해야 하는 사항이다. 전용 6평 전후 도시형생활주택에 대피 공간 또는 대피 공간 완화조항에 따른 시설을 설치하기 어렵기 때문에 반드시 직통 계단 2개소는 반영되어야 함을 기억하자.

(9) 배연창

건축법에서는 배연창이란 단어는 나오지 않는다. 어떻게 배연창을 설치해야 하는지 법령을 따라가 보면 건축법 제2조, 제49조제2항 배연설비 규정 → 건축법 시행령 제51조에 배연설비 대상건축물 규정 → 건축물의 설비 기준 등에 관한 규칙 제14조(배연설비)에 이르러서야 배연창이 등장한다. 요약하면 법 제49조제2항과 시행령 제51조제2항에 따라 배연설비를 설치하여야 하는 건축물은 해당용도의 거실에 배연설비를 설치하여야 하고, 규칙 제14조제1항제1호에 따라 시행령 제46조제1항의 규정에 의한 방화구획이 설치된 경우, 방화구획마다 1개소 이상의 배연창을 설치하여야 한다.

피난층은 제외이므로 보통 1층이 피난층인 경우 1층을 제외한 모든 층에서 해당 용도 거실의 방화구획에는 배연창을 설치하여야 한다.

규칙에 보면 배연설비는 배연창으로 할 수 있고 기계식 배연설비로도 할 수 있다. 지하층의 방화구획된 거실에는 창을 낼 수 없기 때문에 기계식 배연설비를 설치하면 될 것이다.

배연창 적용 시 중요하게 보아야 할 점은 시행령에서 정의한 방화구획당 1개소라는 문구이다. 앞서 살펴보았듯이 방화구획 예외조항 시행령 제46조제2항제3호에 따라 계단실, 복도, 승강기의 승강로(승강장 포함) 부분이 그 건축물의 다른 부분과 방화구획으로 구획되었다면 해당 부위에는 방화구획을 적용하지 않아도 된다는 완화조항이 있다.

복도나 계단실은 다른 부위와 방화구획으로 구분되어 있으면 방화구획화하지 않아도 되고, 게다가 거실도 아니기 때문에 배연창을 이곳에 설치하면 안 된다는 결론에 다다른다. 숙박시설 또는 오피스텔 건축 시 보통 복도 끝에 배연창을 내는 건축물이 많이 있는데 잘못된 것이다.

참고로 오피스텔과 관련되어서는 법제처에서 개별난방구획이 적용되는 오피스텔에 그 실을 내화구조로 된 벽바닥 및 갑종방화문을 설치하였다면 이러한 구조는 방화구획화된 것이므로 각 실마다 배연창을 설치하라는 해석을 내놓았다.

이에 따라 건축물의 설비 기준 등에 관한 규칙 제13조의 개별난방을 설치하는 오피스텔에는 난방구획마다 내화구조로 된 벽바닥과 갑종방화문으로 된 출입구로 구획해야 한다는 이전의 법조항을 법제처 해석이 나오면서, 오피스텔의 경우에는 개별난방구획을 방화구획으로 구획할 것으로 변경되었다. 아쉽게도 거실에 배연창을 설치하라는 규정에 의해 바뀐 것은 아니다.

법제처 해석은 논리적 오류가 있다고 생각한다. 왜냐하면 건축법 시행령 제46조제1항에 따라 건축물이 방화구획으로 구획된 경우에 배연창을 설치하라고 되어 있고, 제46조제1항은 면적에 따라 방화구획을 설치하라고 되어 있다. 그러면 면적 기준에 의해 방화구획이 설정되어 있을 시 배연창을 적용해야 한다고 생각한다. 방화구획의 건축법 시행령상의 의미를 부정하는 것이 아니다. 내화구조로 된 벽바닥 갑종방화문을 적용하여 구획하면 방화구획화되는 것이다. 하지만 그렇다고 해서 기타사유로 내화구조로 된 벽바닥 갑종방화문으로 구획된 모든 실을 배연창을 설치하라고 하는 것은 과하다고 생각된다.

추가로 배연설비 설치의무 대상건축물(건축법시행령 제51조제2항), 배연설비 설치 기준(설비규칙 제14조제1항, 제2항)의 디테일한 사항은 참조하기 바라며, 설비규칙에서 의미하는 기계식 배연설비는 관련소방법령에서 제연설비로 명명되며 옥내에 설치하는 것과 특별피난 계단 등 전실에 설치하는 제연설비의 화재안전기준(NFSC 501A)에 구체적인 설치 기준을 정하여 두었으니 확인하면 된다.

(10) 제연설비

배연설비가 유독가스를 건축물 밖으로 배출하는 시설이면, 제연설비는 유독가스가 들어오지 못하도록 차단, 배출하고 희석시키는 제어방식을 통해 실내공기를 청정하게 하여 피난상의 안전을 도모하는 소방시설이다. 이 제연설비는 소화활동설비로서 화재예방, 소방시설 설치 · 유지 및 안전관리에 관한 법률(소방시설법)에서 규정하고 있다.

제연설비대상 건축물은 소방법 시행령 별표 5를 참조 바라며 그중 한 가지 사항을 살펴보면 아래 조항이다.

- 지하층이나 무창층에 설치된 근린생활시설, 판매시설, 운수시설, 숙박시설, 위락시설, 의료시설, 노유자시설 또는 창고시설로서 해당용도로 사용되는 바닥면적의 합계가 1,000㎡ 이상인 층

무창층이란 소방법 시행령에서는 조건을 갖춘 개구부의 면적이 해당 층 바닥면적의 1/30 이하가 되는 층이라고 규정한다. 쉽게 말해 창이 없으면 무창층이며, 창이 있어도 조건을 만족하지 못하면 무창층이다. 그 조건은 쉽게 부술 수 있는 그리고 크기 및 설치 기준이 적합한 창 및 개구부를 말하는데 여기서 보아야 할 점은 쉽게 부술 수 있는 조건이다. 화재 시 인명구조 등을 위해 유리를 쉽게 부수고 들어가야 하는 상황 발생이 제일 큰데 소방청의 질의 회신 등에 따라 해당 유리는 일반유리 6㎜ 이하, 강화유리(반강화 포함) 5㎜ 이하를 사용한 공기층이 있는 복층유리로 되어 있다. 약간 현실과 괴리가 있는 부분이 있다. 요즘 유리 파손 시 안전을 위하여 강화 또는 반강화유리가 통상적으로 사용되며, 단열 기준을 준수하고 차음 성능을 고려해 반강화 6㎜ 이상을 사용하는 복층유리를 건축물에 적용하고 있는 사례가 많다. 그러면 자연스레 무창층이 될 확률이 크다. 따라서 제연설비를 의무적으로 하여야 하는 건축물 용도를 설계 시 무창층 기준과 그에 따른 제연설

비대상이 되는지 확인해야 한다. 제연설비 대상 건축물의 제연설비 등 설치 기준은 해당 화재안전기준(NFSC 501)을 참조하기 바란다.

(11) 다중이용업소특별법

다중이용건축물과 다중이용업소는 다르다. 그 모법이 건축법과 다중이용업소의 안전관리에 관한 특별법이므로 적용함에 있어서 중복체크를 하여야 한다. 다중이용업소는 특별법 시행령 제2조에 따라 정의되는데 그중 특히 1호의 식품위생법 시행령에 따른 식품접객업에 해당하는 휴게음식점, 제과점, 일반음식점은 용도변경 시 입점 가능성이 크므로 해당업에 필요한 안전시설은 사전에 확인해야 한다.

안전시설 중 소방법에 따른 소방시설이 포함되어 있으며, 중요하게 보아야 할 것은 추가로 설치해야 하는 비상구 조항이다. 법이 생기기 전 건축 당시에는 비상구 관련 조항이 없어서 미적용하였다가 용도변경 등에 의해 설치해야 하는 사례가 많아졌다. 이러한 건물 외부에 옥외 피난 계단식의 철제계단이 나중에 설치되는 등의 사례를 심심치 않게 볼 수 있다. 건축법에서는 이때 비상구를 위한 옥외 피난 계단을 만들 시 건폐율과 용적률에서도 제외시켜 주니 그 중요도를 알 수 있다.

비상구의 설치 기준은 다중이용업소법 시행규칙 별표를 참조 바라며, 해당 영업장 출입구의 반대 방향에 설치하되 주된 출입구로부터 영업장의 긴 변 길이의 1/2 이상 떨어진 위치에 설치할 것이 골자다. 즉, 주출입구와 떨어져서 설치하여 피난 시 혼잡을 피하라는 것이 법 취지이다. 그러나 별도로 영업장에서 비상구를 두는 것은 쉽지 않다. 따라서 예외 규정을 봐야 하는데 시행령 별표 1의 2 가에 따르면 주된 출입구 외에 해당 영업장 내부에서 피난층 또는 지상으로 통하는 직통 계단이 주된 출입구로부터 영업장의 긴 변 길이의 1/2 이상 떨어진 위치에 별도로 설치된 경우는 미적용 가능하다고 하여 예외조항을 두고 있다. 이 조항을 계획 시에 항상 염두에 두고 코어에 있는 직통 계단의 출입구로부터 영업장의 주출입구 간

거리가 해당 영업장 장변길이의 반 이상이 되는지 확인할 필요가 있다.

(12) 전기설비, 기계설비

용도변경 시 기계 · 전기설비 관련 각종 부하가 달라지기 때문에 부하계산에 따른 간선, 배관, 장비 등의 증설, 교체 등을 고려해야 하고 필요시 해당 기계, 전기실의 면적이 커질 수 있다.

(13) 주차

변경하려는 용도의 주차 대수 기준이 높은 용도라면 추가 주차 대수를 설치하여야 한다. 설치 가능한 공간이 없다면 용도변경이 어려울 수 있다. 또한 기존 교통영향평가를 받은 건물의 용도변경 시 교통개선대책의 내용을 바꾸는 정도가 변경 허용 범위 내이면 교통영향평가 변경에 따른 신고를 해야 하며, 허용 오차를 초과한다면 심의를 다시 받아야 한다. 또한, 기존에 교통영향평가를 받지 않았다 하더라도, 용도변경 후의 용도별 건축연면적에 따라 심의대상 여부를 결정한다.

(14) 장애인편의시설

공중이 이용하는 시설의 거의 대부분의 건축용도가 해당이 된다. 따라서 용도변경 또는 대수선 시 이전 법률에 의해 장애인 편의시설이 적용되지 않았다 하더라도 현재 법률 기준에 의해 해당된다면 장애인 등 편의법 시행령 별표 1과 별표 2에 따라 편의시설의 종류 및 설치 기준을 준수해야 할 것이다. 장애인용 엘리베이터, 장애인용 화장실, 주출입구 접근로의 개선 등 계획적으로 필요한 사항은 적용하여야 하며, 해당 편의시설 설치로 인한 공간이 필요한지 확인해야 한다.

(15) 녹색건축물 관련 사항(녹색건축물 조성지원법)

국토부 장관은 녹색건축물 기본계획을 5년마다 수립하여야 하며, 시 · 도지사는 기본계획에 따라 조성계획을 5년마다 수립, 시행하여야 한다. 이에 따라 해당 지자체에서는 녹색 건축물 설계 기준 등 법령에서 계획의 내용에 포함하라고 한 사항을 반영하여 계획을 수립해야 한다.

가. 에너지 절약계획서 제출 대상

– 원칙(어느 하나 해당 시)

건축허가(대수선 제외), 용도변경허가 또는 신고, 건축물대장 기재 내용 변경 시 연면적 500㎡ 이상인 건축물(증축 또는 용도변경 시는 해당 부분만 적용 가능).

– 제외

건축물의 에너지절약설계 기준에 에너지절약계획서 제출 제외 대상 참조

– 혼돈 사항

건축물의 에너지 절약설계 기준을 보면 에너지 절약계획서 제출 예외대상이 정하여 있고(3조) 4조에서는 에너지절약설계 기준의 적용 예외 사항이 있다. 흔히, 제4조의 제6호를 들어 열손실의 변동이 없는 경우의 용도변경 시 에너지절약계획서 제출을 안 해도 된다고 생각할 수 있으나, 그것은 서식 1의 에너지절약계획 설계 검토서를 제출하지 않아도 된다는 것이지 녹색건축물조성지원법 시행규칙의 1호 서식인 에너지절약계획서 제출과는 다르니 혼돈하지 않길 바란다.

즉, 제출 대상 원칙에 해당이 되면 에너지 절약계획서를 제출해야 하는 것이다. 법에서 대수선은 에너지절약계획서 제출 대상에서 제외하였고, 용도변경 시 에너지절약계획서 제출 대상은 전체 연면적을 기준으로 판정하나, 해당 부위만을 기준으로 적용할 수 있게 하였다.

나. 녹색건축 인증, 에너지효율등급 인증

– 원칙(모두 충족)

신축, 재축 또는 증축하는 건축물일 것(증축일 경우 별개의 건축물로 증축하는 경우로 한정), 연면적이 3000㎡ 이상일 것, 에너지절약계획서 제출 대상일 것, 공공기관이 소유 또는 관리하는 건축물일 것

서울시를 예로 들면 녹색건축물 조성지원법을 근거로 녹색건축 설계 기준을 정하여 시행하고 있다. 민간 및 공공부문 건축물을 모두 포함하고 있으니, 민간건축물도 의무사항이다. 본 설계 기준에서는 연면적 3,000㎡ 미만이어도 에너지절약계획서 제출 대상이 되면 인증 대상은 아니지만, 설계 기준은 적용하여야 한다. 즉, 용도변경 시에도 에너지절약계획서 제출 대상이 되면 녹색건축 설계 기준을 적용하여야 하며, 그에 따라 변경되는 부분에 대하여 해당 등급에 맞는 성능을 반영해야 한다.

구분	주거	비주거
㉮	1,000세대 이상	연면적 합계 10만㎡이상
㉯	300세대 이상 ~ 1,000세대 미만	연면적 합계 1만㎡ 이상~10만㎡미만
㉰	30세대 이상 ~ 300세대 미만	연면적 합계 3천㎡ 이상~1만㎡미만
㉱	30세대 미만	연면적 합계 3천㎡ 미만

<신축, 별동증축, 전면개재축, 이전의 경우(다등급이상 인증대상)>

구 분	내 용
전면 대수선[1]	건축물 용도와 규모에 따른 등급에서 한 등급 씩 낮추어 적용 (㉮ → ㉯, ㉯ → ㉰, ㉰ → ㉱, ㉱ → ㉱)
수직 또는 수평 증축, 일부 개축, 일부 재축	건축물 규모에 관계없이 ㉱를 적용하며, 행위가 이루어지는 부위에 대해 적용
용도변경, 건축물대장의 기재내용 변경, 전면 대수선에 해당하지 않는 대수선	건축물 규모에 관계없이 ㉱를 적용하며, 열손실의 변동이 발생되는 부위에 대해 적용[2]

1) 전면 대수선: 건축물의 단열을 포함한 외피 및 설비시스템 전체를 철거 후 성능 개선을 시행하는 공사(전면 대수선과 수직 또는 수평 증축, 일부 개축, 일부 재축, 용도변경, 건축물대장의 기재내용 변경이 함께 이루어지는 경우 전면 대수선으로 적용)

2) 열손실의 변동이 없는 경우 또는 열손실의 변동이 있는 부위가 포함된 실(공간)의 바닥면적 합계가 500㎡ 미만인 경우에는 미적용

<상기사항에 해당하지 않는 경우(다등급이상 인증)>

그런데 이상하다. 전면대수선이라는 용어가 새로이 나오며, 법에는 대수선 시 에너지절약계획서 제출 대상이 아니라고 하였는데 포함을 시켜 두었다. 만약, 기존건축물의 면적이 가~나 등급의 건축물을 전면 대수선하는 경우는 인증 대상이 되니 규모가 큰 건물을 용도변경하거나 대수선 시 크로스체크 해야 한다.

(16) 건축 심의대상 여부

용도변경 시 건축법 및 조례에 따르면 대부분 심의대상은 아니다. 다만, 자치구에서 운영 중인 건축위원회 운영 기준에 따라 특이한 케이스의 용도변경 시 자치구 심의 또는 자문대상으로 포함시킨 경우도 있으니 확인하여야 한다.

(17) 용도변경 또는 증축 시 소방법 특례 확인

화재예방, 소방시설 설치 유지 및 안전관리에 관한 법률에 따라 특정 소방대상물의 증축 또는 용도변경 시는 현 시점의 화재안전기준을 적용하여야 한다. 다만 증축 시 기존 부분과 증축 부분이 방화구획으로 구분되어 구획되어 있는 경우에는 증축되는 부위에 한해서 증축 당시의 소방시설의 설치 관련 화재안전기준을 적용할 수 있게 하였다.

용도변경에 있어서는 용도변경되는 부분에 대해서만 용도변경 당시의 소방시설의 설치 관련 화재안전기준을 적용할 수 있게 하였다. 소방시설은 소방법에 나온 시설과 건축 및 피난 관련 시설을 모두 고려하여야 하는 것이 안전하다. 세세하게 들어가면 내화, 내열 배선의 적용 기준도 있기 때문에 공사비 산정에 있어서 본 특례를 적용할 수 있게 사전 고려되어야 할 것이다.

특정소방대상물이란 화재예방, 소방시설 설치유지 및 안전관리에 관한 법률 시행령 별표 2에서 상세히 대상 건축물용도를 명기하여 두었으니 참조하고 총 30가지 건축법상 용도이므로, 대부분의 용도가 해당된다고 보면 된다.

(18) 정화조 용량 확인

용도변경 시 각 건축법상 용도별로 정화조용량을 계산하는 설계기준값이 다르기 때문에 정화조의 용량부족 현상이 발생할 수 있다. 정화조 같은 경우 건축물의 최하층에 설치되어 쉬이 그 용량을 증가시킬 수 없는 물리적인 한계가 발생한다. 그러나 현행법에서는 이와 같은 경우를 대비하여 하수도법 제35조에 건물 등의 증축 등에 대한 특례를 두어 기존건축물의 증축 또는 용도변경 시를 대비하고 있다. 자세한 사항은 하수도법 시행령 제35조를 찾아보기 바라며, 요점만 정리하면 하수처리구역 안(도시의 대부분 해당)에서는 증가되는 오수 발생량을 포함하여 전체 오수발생량이 정화조 용량의 100분의 200 이하(2배 이하)인 경우 정화조의 내부 청소 주기를 규제하여 정화조용량을 대체할 수 있도록 하고 있다.

3. 대수선이란

건축물의 기둥, 보, 내력벽, 주 계단 등의 구조나 외부 형태를 수선, 변경하거나 증설하는 것을 말하며, 건축법에서는 아래의 어느 하나에 해당하는 것으로서 증축, 개축, 또는 재축에 해당하지 아니하는 것을 말하고 있다. 당연히 신축도 해당하면 안 되는 것이다.

- 내력벽을 증설 또는 해체하거나 그 벽면적을 30㎡ 이상 수선 또는 변경하는 것
- 기둥 또는 보 또는 지붕틀을 증설 또는 해체하거나 3개 이상 수선 또는 변경하는 것
- 방화벽 또는 방화구획을 위한 바닥 또는 벽을 증설 또는 해체하거나 수선 또는 변경하는 것
- 주 계단, 피난 계단 또는 특별피난 계단을 증설 또는 해체하거나 수선 또는 변경하는 것
- 미관지구에서 건축물의 외부형태(담장 포함)를 변경하는 것
- 다가구주택의 가구 간 경계벽 또는 다세대주택의 세대 간 경계벽을 증설 또는 해체하거나 수선 또는 변경하는 것
- 건축물의 외벽에 사용하는 마감재료(법 제52조제2항에 따른 마감재료)를 증설 또는 해체하거나 벽면적 30㎡ 이상 수선 또는 변경하는 것

1) 대수선 허가 또는 신고

대수선은 원칙적으로 건축허가 대상이다. 그러나 예외적으로 주요 구조부의 해체가 없는 등의 아래의 대수선 사항은 건축신고로 갈음하고 있다.

- 내력벽의 면적을 30㎡ 이상 수선하는 것
- 기둥, 보, 지붕틀을 3개 이상 수선하는 것
- 방화벽 또는 방화구획을 위한 바닥 또는 벽을 수선하는 것
- 주 계단 피난 계단 또는 특별 피난 계단을 수선하는 것

상기 사항 외에는 모두 건축허가를 받아야 한다. 대수선의 용어의 정의에서 증설, 해체, 수선, 변경이라는 단어가 나온다. 이 중 수선에 해당되어야 일단 신고대상의 범위로 좁혀질 수 있다. 엄격한 법이다. 즉, 건물의 외벽 마감재료를 수선을 하여도 30㎡를 초과하면 대수선 허가를 받아야 한다. 마감재료에서 방화에 지장이 없는 재료로 한정 짓고 있으나 요즘 거의 대부분의 건축물에서 마감재료는 불연재료 또는 준불연재료를 기초로 하고 있으니 큰 의미는 없고 마감재료를 큰 면적으로 변경하는 것에 있어서는 대수선허가를 염두에 두어야 한다.

2) 구조 안전에 관한 사항

(1) 원칙

건축허가 대상인 건축물을 건축하거나 대수선하는 경우 국토교통부령으로 전하는 구조 기준 등에 따라 구조안전을 확인하여야 한다.(국토부령=건축물의 구조 기준 등에 관한 규칙) 여기서 말하는 구조안전의 확인에는 지진에 대한 사항이 포함된다. 즉, 현재의 내진설계 기준에 못 미치는 건축물이라면 보강이 필요하다.

구조안전의 확인을 한 건축물 중 건축법 시행령 제32조와 국토부령 제58조에 따른 건축물은 구조안진확인서를 제출해야 한다.

대수선 허가 시 구조안전의 확인을 받아야 하고 구조안전의 확인에는 내진보강이 포함되어 있다. 대수선하는 건축물의 대부분은 20~30년 된 건축물이어서 현재의 내진설계 기준으로 설계 및 시공되지 않은 건물이 많다. 따라서 내진보강에 대한 확인, 즉 내진보강설계를 대수선 시 병행해야 한다. 기존건축물의 대수선 시 건축법 5조1항에 따라 적용의 완화를 요청할 수 있으나, 그 경우에도 구조안전의 확인은 받아야 하니 반드시 기억해 두어야 한다.(구조안전의 확인=지진에 대한 구조안전 포함)

(2) 건축물의 내진설계기준(KDS 41 17 00)

기존 구조물의 구조변경으로 인하여 이 기준에 따라 산정한 소요강도가 기존 부재의 구조내력을 5% 이상 초과하는 경우에는 해당 부재에 대하여 이장에서 정의되는 기준을 만족하도록 구조보강 등의 조치를 하여야 한다.

이 절에서 내진설계 대상으로 정하는 지하구조물은 건축물로 분류된 구조물과 건축물의 지상층과 연결되어 있는 지하구조물 등이다.

3) 건축위원회 심의

(1) 원칙

대통령령으로 정하는 건축물을 건축하거나 대수선하려면 심의를 받아야 함

(2) 대통령령으로 정하는 건축물

분양을 목적으로 하는 건축물로 건축 조례로 정하는 건축물

(3) 건축 조례로 정하는 건축물

면적에 따라 시 또는 구 심의로 나뉘며 대상건축물은 다중이용건축물, 미관지구 내 건축물, 분양을 목적으로 하는 건축물로 크게 볼 수 있다.

서울시의 경우 조례에 의해 자치구별로 건축위원회 운영 및 심의 기준을 두고 있으므로 확인하여야 한다. 대수선에 대해서는 자치구 별로 규정을 두고 있으니 해당 사항이 있으면 심의를 받아야 한다.(미관지구 내 외부 형태 대수선 등)

(4) 내용

건축에 관한 사항, 다중이용건축물 및 특수구조건축물의 구조안전에 관한 사항, 굴토에 관련된 사항, 철거에 관련된 사항

(5) 시기

건축허가 전

4) 경관심의

(1) 원칙

경관법 제28조에 의해 건축물을 경관지구, 중점경관관리구역 등에 건축물을 건축하려면 경관심의를 받아야 한다.

서울시의 경우 경관조례에 의해 건축법 시행령 제2조제17호 가목 및 나목에 해당하는 건축물도 해당된다. 가, 나목은 5,000㎡ 이상 되는 지정용도 건축물과 16층 이상인 건축물이므로 도시관리계획상 경관지구에 속해 있지 않다고 하더라도 규모 및 용도에 따라서 심의대상이 된다. 대수선은 건축행위가 아니기 때문에 해

당 사항이 없다.

5) 특수구조 건축물 구조안전심의

(1) 원칙

대수선하고자 하는 건축물이 특수구조건축물에 해당된다면 특수구조건축물에 따른 구조안전심의를 건축위원회를 통해 받아야 한다.

(2) 특수구조 건축물

건축법 시행령 제2조제18호에 따라 정해진 건축물과 국토부장관이 고시한 특수구조 건축물 대상 기준에 해당하는 건축물

주요 사항은 해당하는 건축물의 설계 시 층간 용도의 변화로 트렌스퍼층이 생겨 6개 층 이상을 지지하는 기둥이나 벽체의 하중이 슬래브나 보에 전이되는 건축물(해당 전이되는 면적이 바닥면적 중 50% 이상 시) 또는 건축구조 기준에 따른 허용응력설계법, 허용강도설계법, 강도설계법 또는 한계상태설계법에 의해 설계되지 않은 건축물이다.

(3) 시기

건축착공 전

6) 소방시설의 적용

대수선 시 소방시설물을 현재기준으로 모두 적용해야 하는지는 명확하지 않다.

증축과 용도변경 시의 특례기준만 있을 뿐이다. 다만 소방내진설계의 적용례를 보면 이 기준은 새로이 소방시설이 변경되는 부분에 한해 적용한다고 되어 있다. 대수선 인허가 시 관련 소방인허가 기관과 사전협의가 필요하다.

7) 교통영향평가 대상

교통영향평가 대상 건축물 용도와 면적기준이 된다면, 평가를 수행해야한다. 다만, 기존에 교통영향평가를 수행한 건축물이라면 그 변경범위에 따라 신고처리가 가능할 것이다. 서울시에서는 조례를 통해 부설주차장 설치제한구역에서의 대수선 시 연면적 3,000㎡ 이상인 건축물은 교통영향평가를 수행하도록 하고 있다.

8) 리모델링 시 적용의 완화

(1) 리모델링 활성화 배경

건축물의 노후화 억제 또는 기능향상을 위해 대수선하거나 증축하는 행위로 에너지소비절감, 지진대비 취약구조 보강, 자원절약 및 재활용 등의 사유로 그 필요성이 증대되고 있다.

(2) 적용의 완화 항목(건축법 시행령 제6조)

가. 대지 안의 조경

나. 공개공지 등의 확보

다. 건축선의 지정

라. 건축물의 건폐율

마. 건축물의 용적률

바. 대지 안의 공지

사. 건축물의 높이 제한

아. 일조 등의 확보를 위한 건축물의 높이제한

(3) 연면적 및 높이 증축 기준(건축법 적용대상 건축물 기준)

가. 연면적: 기존 건축물 연면적 합계의 1/10(활성화구역 3/10) 이내

나. 층수, 높이: 건축위원회 심의에서 정한 범위 이내

CHAPTER 12.

도시계획 시설사업이란

1. 기반시설 및 공공시설

1) 기반시설이란

도로, 공원, 시장, 철도 등 도시주민의 생활이나 도시기능의 유지에 필요한 물리적인 요소로 국토의 계획 및 이용에 관한 법률에 의해 정해진 시설이다.

(1) 교통시설

도로, 철도, 항만, 공항, 주차장, 자동차정류장, 궤도, 운하, 자동차 및 건설기계검사시설, 자동차 및 건설기계운전학원

(2) 공간시설

광장, 공원, 녹지, 유원지, 공공공지

(3) 유통 · 공급시설

유통업무설비, 수도 · 전기 · 가스 · 열공급설비, 방송 · 통신시설, 공동구, 시장, 유류저장 및 송유설비

(4) 공공 · 문화체육시설

학교, 운동장, 공공청사, 문화시설, 체육시설, 도서관, 연구시설, 사회복지시설, 공공직업훈련시설, 청소년수련시설

(5) 방재시설

하천, 유수지, 저수지, 방화설비, 방풍설비, 방수설비, 사방설비, 방조설비

(6) 보건위생시설

화장시설, 공동묘지, 봉안시설, 자연장지, 장례식장, 도축장, 종합의료시설

(7) 환경기초시설

하수도, 폐기물처리시설, 수질오염방지시설, 폐차장

2) 공공시설이란

공공의 이익을 위하여 만든 공공용시설로 국토의 계획 및 이용에 관한 법률에 정해진 시설이다.

- 항만, 공항, 운하, 광장, 녹지, 공공공지, 공동구, 하천, 유수지, 방화설비, 방풍설비, 방수설비, 사방설비, 방조설비, 하수도, 구거
- 행정청이 설치하는 주차장, 운동장, 저수지, 화장장, 공동묘지, 봉안시설
- 유비쿼터스도시서비스의 제공 등을 위한 유비쿼터스도시 통합운영센터 등 유비쿼터스도시의 관리, 운영에 관한 시설

3) 도시계획시설이란

기반시설 중 도시관리계획으로 결정된 시설이다. 국토계획법 제43조제1항에 따라 지상, 수상, 공중, 수중 또는 지하에 기반시설을 설치하려면 도시관리계획으로

결정하여야 한다. 다만 용도지역 및 기반시설의 특성 등을 고려하여 다음의 경우에는 예외로 한다.

- 도시지역 또는 지구단위계획구역에서 자동차 및 건설기계검사시설, 자동차 및 건설기계운전학원, 공공공지, 열공급설비, 방송통신시설, 시장, 공공청사, 문화시설, 체육시설, 도서관, 연구시설, 사회복지시설, 공공직업훈련시설, 청소년수련시설, 저수지, 방화설비, 방풍설비, 방수설비, 사방설비, 방조설비, 장례식장, 종합의료시설, 폐차장, 도시공원 및 녹지 등에 관한 법률의 규정에 의하여 점용허가대상이 되는 공원 안의 기반시설 등

도시 및 주거환경정비법에서는 정비기반시설이라는 용어로 사용되고, 세부 시설은 아래와 같다.

- 도로, 상하수도, 공원, 공용주차장, 공동구, 녹지, 공공공지, 광장, 소방용수시설, 비상대피시설, 가스공급시설, 지역난방시설 등

기반시설과 공공시설을 합하여 공공시설 등으로 명칭되며 이러한 공공시설 등을 설치 후 기부채납을 하면 지구단위구역과 정비구역에서 법령에서 정한 용적률 등 건축 기준을 완화하여 적용받게 되는 것이다.

주의해야 할 점은 지구단위구역과 정비구역이라는 점이다. 이러한 도시관리계획이 설정되지 않은 구역에서 공공시설 등의 부지나 시설, 부지와 시설을 같이 설치하여도 건축기준의 완화는 적용받지 못한다. 국토계획법에서는 예외로 상업지역에 한해 공공시설부지를 제공하게 된다면 용적률 기준의 완화가 가능토록 하고 있다.

2. 도·시·군관리계획 입안을 통한 도시계획시설의 설치 절차 및 예시

도시계획시설은 시장 · 군수가 입안권자이다. 즉, 나라에서 입안하는 것이 원칙이나 입안권자에게 주민제안을 통해 사업이 진행될 수도 있다. 간혹 기획설계 검토부지에 도시계획시설이 포함되어 있어 도시계획 시설 폐지절차 등에 관해서 살펴보아야 할 경우가 있다. 도시계획시설은 앞서 기반시설 중 도시관리계획으로 결정된 시설을 말한다고 언급하였다. 따라서 도시관리계획 결정절차가 도시계획시설 결정절차로 준용되며, 그 변경에 있어서도 마찬가지이다.

민간 건설 사업자(ABC 건설)가 도시계획시설을 설치하기 위한 절차를 예로 들어보겠다.

1) 도시계획시설의 결정

도시계획시설 결정을 위한 입안을 군수에게 제안한다. 군수는 국토계획법시행령 제19조2에 적합하게 제안한 내용에 대해서 45일 내에 반영 여부를 제안자에게 통보해야 하며 관리계획에 반영되어 결정될 시의 절차는 다음과 같다.

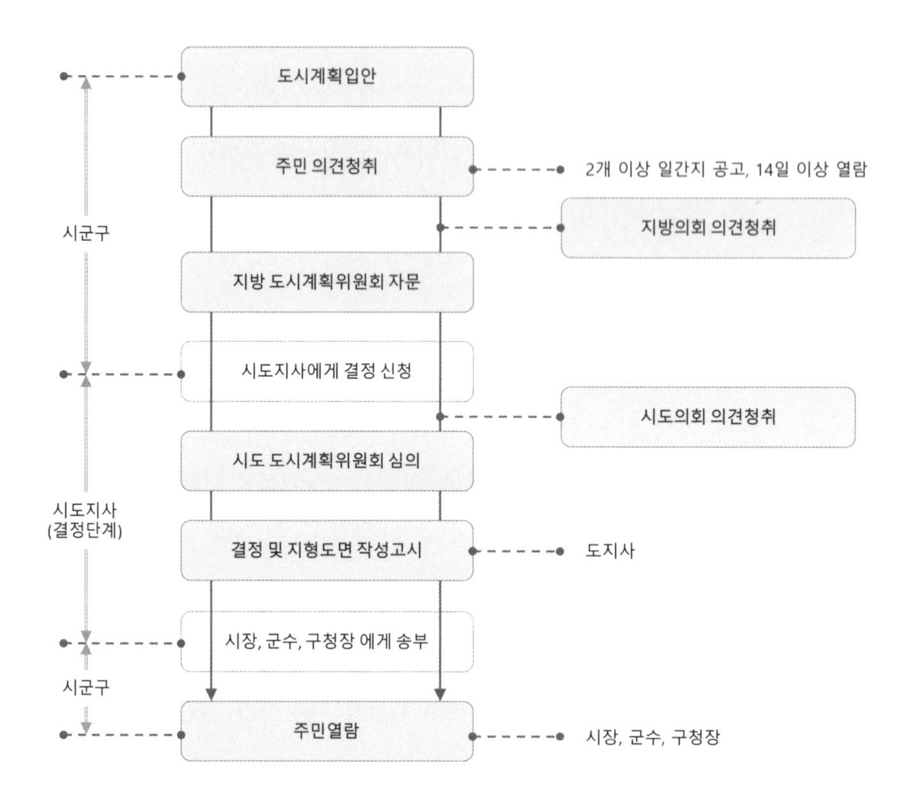

단, 토지면적의 2/3 소유자 및 동의자 수 1/2 이상의 동의를 얻어야 한다.

2) 단계별 집행계획의 수립

(1) 단계별 집행계획의 의의

도시계획시설 결정이 이루어지면 도시계획시설 부지로 예정된 토지는 개발행위가 제한되므로 장기간 도시계획사업이 시행되지 않으면 그 토지소유자는 불이익을 받게 된다.

단계별 집행계획을 수립하도록 함으로써 도시계획시설사업의 시행시기를 미리

정하도록 한다.

(2) 수립권자

단계별 집행계획은 특별시장, 광역시장, 시장, 군수가 수립하며 장관, 도지사가 직접 입안한 도시관리계획은 장관, 도지사가 단계별 집행계획을 수립하여 해당 특별시장, 광역시장, 시장, 군수에게 송부한다.

(3) 수립시기

도시계획시설결정의 고시일로부터 2년 이내에 재원조달계획, 보상계획 등을 포함하는 단계별 집행계획을 수립한다.

(4) 계획 단위

1단계(3년 이내 시행)와 2단계(3년 후 시행)으로 구분하여 수립한다.

(5) 공고

단계별 집행계획을 수립하거나 송부 받으면 지체 없이 이를 공고한다.

3) 도시계획시설사업 시행자의 지정

특별시장, 광역시장, 시장, 군수가 관할구역 내 도시계획시설 사업의 원칙적인 시행자가 되고 2 이상의 관할구역에 걸쳐 시행하면 도지사가 시행자를 정한다.

그러나 이와 같이 ABC 건설의 직원이 사업의 시행자로 지정받고자 한다면 해당 토지면적의 2/3를 소유하고 토지소유자 총수의 1/2 이상의 동의를 얻은 후 신청서를 관할 특별시장, 광역시장, 시장, 군수에게 제출하여 지정받는다.

4) 실시계획의 작성 및 인가

- 시행자로 지정이 되면 실시계획을 작성하고 시 · 도지사의 인가를 받아야 한다.
- ABC 건설사 직원은 국토계획법 시행령 제83조에 따라 도시계획시설은 시행령 제71조 내지 제82조의 규정(지역, 지구 안에서의 건축제한 등)을 적용하지 않고, 일부 제한이 필요한 도시계획시설에 대하여는 허가권자와 협의하여 진행한다.
- 실시계획은 설계도서, 자금계획, 시행기간 등을 명시 첨부한다.
- 인가권자가 인가하고자 할 경우 이를 공고하고 관련 서류의 사본을 14일 이상 일반인에게 공람한다.

5) 실시 계획의 고시

도지사는 실시계획을 인가하였을 때에는 공보에 고시한다.

6) 사업의 시행

국토계획법 제95조에 따라 시행자는 토지 등 그 부속물을 수용할 수 있으며, 기타 사업방식에 의해서 사업을 시행한다.

7) 공사완료 공고

시행자가 도시계획시설사업을 완료하면 공사완료보고서를 작성하여 도지사의 준공검사를 받아야 한다. 도지사는 실시계획대로 완료되었다고 인정하면 시행자에게 준공검사필증을 교부하고 공사완료 공고를 낸다.

8) 공공시설 등의 귀속

시설사업에 의하여 새로 공공시설을 설치하거나 기존의 공공시설에 대체되는 공공시설을 설치한 경우에는 국토계획법 제65조를 준용한다.

CHAPTER 13.

도시계획시설부지 주거복합 기획 사례

1. 대지 현황 분석

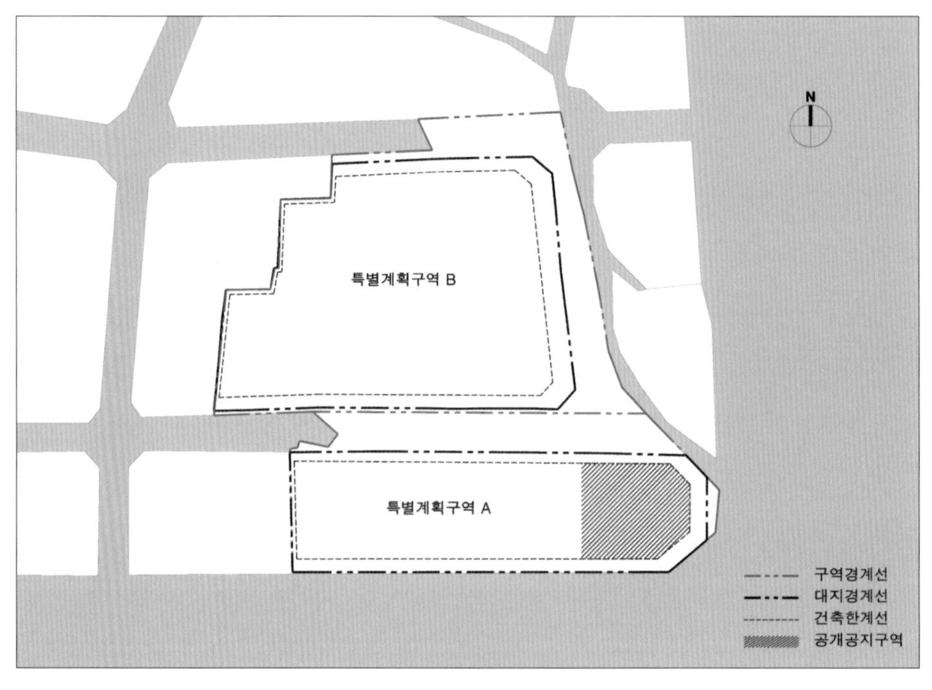

〈○○○ **시장 주거복합**〉

구역면적 A: 3,324㎡
기반시설 면적: 753㎡
대지면적: 2,571㎡
구역면적 B: 4,932㎡
기반시설 면적: 936㎡
대지면적: 3,996㎡
국토계획법 등에 따른 지역지구: 근린상업지역, 2종 일반주거지역, 일반미관지구, 지구단위계획구역, 시장

본 대지는 지구단위계획구역 중 특별계획구역이며, 도시계획시설인 시장으로 지정되어 있다. 시장이란 무엇인가? 현행법에서는 전통시장 및 상점가 육성을 위

한 특별법에 의해 전통시장으로 그 이름이 변화되었다. 흔히 말하는 시장은 전통시장인 것이다. 그러나 이 법 시행 당시 종전규정에 따라 등록시장, 인정시장으로 등록 또는 인정된 시장도 전통시장의 범주에 포함된다. 시장에 대해서 간단히 알아본 이유는 시장정비사업을 통해 사업을 진행할 수도 있기 때문이다.

조건을 갖추어 시장정비사업으로 진행 시 특례사항을 활용하여 사업을 진행할 수 있는 장점이 있다. 따라서 주거복합 계획에 있어 먼저 현재 지구단위 계획 내용을 파악한 후, 사업추진 방식을 전통시장 및 상점가 육성을 위한 특별법에 따른 시장정비사업 또는 국토계획법에 의한 지구단위계획 변경, 즉 시장 폐지를 동반한 특별계획구역 변경을 통한 방법으로 나누어서 추진 방식을 살펴보겠다.

2. 현 지구단위계획 내용 검토

1) 주요 내용 정리

구분	주요 내용	비고
권장 용도	건축법 시행령 별표 1 제5조의 문화 및 집회시설중 공연장, 전시장 건축법 시행령 별표 1 제7조의 판매시설 중 소매시장, 상점 건축법 시행령 별표 1 제9조의 의료시설 중 병원 건축법 시행령 별표 1 제11조의 노유자 시설 건축법 시행령 별표 1 제14조의 업무시설 건축법 시행령 별표 1 제15조의 숙빅사설 중 관광숙박시설	
불허 용도	건축법 시행령 별표 1 제1조의 다독주택 건축법 시행령 별표 1 제2조의 공동주택(주거복합 제외)	주거복합 가능
건폐율	60% 이하	
기준/허용용적률	A구역: 300% / 500% 이하 B구역: 250% / 450% 이하	용적률 각각 적용
상한용적률	허용용적률×(1+1.3×A×가중치)	
최고높이	A구역: 최고높이 80m 이하 B구역: 최고높이 60m 이하	최고높이 각각 적용
건축선	간선도로변 3~4m / 이면도로변 2~5m	
기타 사항	공개공지 위치 및 면적 지정 기반시설 확폭 및 보행자전용도로 신설	

시장정비사업 추진 시에는 관련 법령에 따라 사업시행이 가능하다. 세부개발계획 수립 시 특별계획구역 내 도시계획시설의 변경(폐지)을 검토할 수 있다. 지구단위계획 내용에 이러한 사항이 명기되어 있지 않더라도 해당 요건 충족 시 사업 추진은 가능하다. 법령이 자주 바뀌는데 그럴 때마다 이미 수립되어 있던 지구단위계획내용을 바꿀 수는 없기 때문에 최근에 수립된 지구단위계획구역의 내용과 수립된 지 시간이 지난 그것과는 내용 및 완결도의 차이가 있을 수 있다.

3. 시장정비사업 검토

1) 주요 내용 정리

구분	주요 내용	비고
시장정비사업 제안자	전통시장 및 상점가 육성을 위한 특별법 제33조제2항 - 토지 등 소유자(개인이나 법인이 단독으로 소유한 경우만 해당) - 추진위원회 - 토지 등 소유자가 시장정비사업을 추진하기 위하여 설립한 법인(시장정비사업법인)	개인 및 법인 제안 가능
시장정비사업 동의요건	전통시장 및 상점가 육성을 위한 특별법 제34조제1, 제2항 - 사업추진계획을 제출하려는 자는 토지면적의 5분의 3 이상에 해당하는 토지의 소유자의 동의 및 토지 등 소유자 총수의 5분의 3 이상의 동의 - 시장정비사업조합의 설립인가 및 시장정비사업시행계획의 내용에 대한 동의를 받는 경우에도 각각 적용(시행계획은 사업시행인가 시 수립되는 계획)	해당되는 비율 이상 동의 필요
시장정비사업 대상	전통시장 및 상점가 육성을 위한 특별법 부칙 제4조 종전 규정에 따라 등록시장, 인정시장으로 등록 또는 인정된 전통시장은 31조2항 각호 외의 부분의 개정규정에도 불구하고 종전의 규정에 따라 시장정비사업 대상이 됨	등록시장 시장정비사업 가능
시장정비사업 필수시설	- 시장정비사업기간에 임차상인 등을 포함한 입점상인이 영업활동을 계속할 수 있도록 임시시장을 마련하는 사항 - 사업추진계획의 승인 당시 입점상인에 대한 시장정비사업 완료 후 재입점을 위한 점포의 우선 분양 또는 임대료 할인 등에 관한 사항	입점상인 보호 대책 수립 필요
지구단위계획 준용	시장정비구역에 지구단위계획이 결정되어 있는 곳은 특별법에서 특례로 규정하지 아니한 사항에 대해서는 그 지구단위계획을 따름	
건폐율에 관한 특례	상업지역은 80% 이하의 범위 안에서 적용할 수 있고 다만, 시장정비사업 심의위원회심의를 거쳐 90% 이하의 범위에서 완화할 수 있다.	
대지의 공지에 관한 특례	지자치단체의 건축에 관한 조례로 정하여 완화할 수 있다고 하였으나, 서울시 건축 조례에서는 완화 내용 없음	

도시계획 위원회 심의 제외	특별법에 따른 시장정비사업 시의위원회의 시의를 거쳐 사업추진계획의 승인 여부를 결정한다. 본 심의위원회에서 심의한 사항에 대해서는 국토계획법 제113조에도 불구하고 시도도시계획위원회의 심의절차를 적용하지 않는다.	시장정비사업 심의 적용
사업추진계획 승인 신청	사업추진계획의 승인신청 시 시장, 군수, 구청장은 국토계획법 제113조제2항에 따른 시·군·구 도시계획위원회의 심의절차는 적용하지 아니한다. 그러나 구도시계획위원회 자문협의는 필요할 수 있으니, 인허가권자와 사전 협의가 필요하다.	
건축밀도	- 건폐율: 시장정비사업 시 70%까지 완화, 심의 통해 90%까지 완화 가능 - 용적률: 지구단위계획 준수	

2) 시장정비사업 추진계획승인 절차

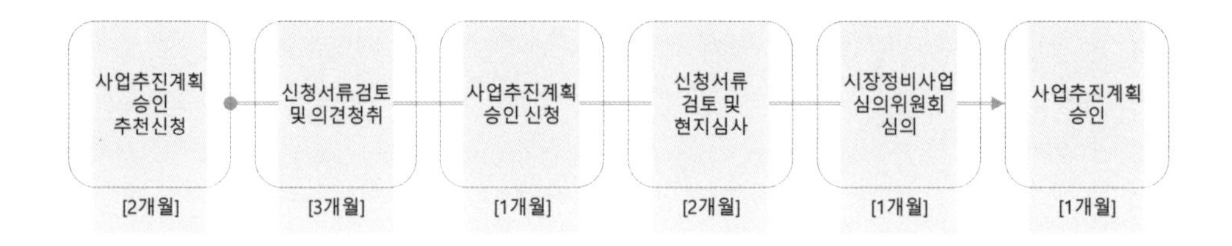

특별법에서 정하지 않은 사항은 도시 및 주거환경정비법 중 재개발사업에 관한 규정을 준용하므로 사업추진계획승인 후의 건축허가 단계에서는 도시정비법 내용과 절차에 따라 사업시행인가 방식을 준용하면 된다.

4. 지구단위계획 변경 검토

1) 주요 내용 정리

구분	주요 내용	비고
지구단위계획 변경 주민 제안	국토계획법 시행령 제19조의 2 도·시·군관리계획의 입안을 제안하려는 자는 대상 토지 면적의 3분의 2 이상 토지소유자의 동의를 받아야 한다. 본 대상토지 면적에서 국공유지는 제외하여야 한다.(시장정비사업법인)	개인 및 법인 제안 가능
도시계획시설 (시장) 폐지	도·시·군관리계획 수립지침 10장 기반시설 기부채납 운영 기준 도·시·군계획시설 해제에 따른 기부채납은 대상토지면적으로 5% 내외에서 협의를 통하여 결정하되, 최대 10%를 초과하지 않는 것을 원칙으로 한다. 규정에 따라 적용하여야 하는데 비슷한 사례를 보면 최소 5% 이상의 공공기여를 실행하고 있는 바, 적정 수준의 공공기여비율을 미리 감안하여야 한다.	해당되는 비율 이상 동의 필요
지구단위계획 결정시설	지구단위계획수립지침 3장 지구단위계획 수립 기준 기반시설 중 지구단위계획으로 결정할 수 있는 도·시·군계획시설의 항목에 시장이 포함된다. 결정과 변경(폐지)은 지구단위계획 변경을 통해서 가능하다.	등록시장 시장 정비사업 가능

사업대상지는 10m 도로로 구분된 사항으로 특별계획구역을 통합하더라도 B 구역에 위치하는 건축물에 간선부 기준을 적용하기는 어려우며, 지구단위계획 변경을 활용하는 만큼 입점상인 보호대책은 수립하지 않아도 된다. 그러나 지구단위변경을 통해서 사업을 진행하기 위해서는 토지소유자의 동의가 있어야 하므로, 그 동의를 위한 조건들은 원만히 협의하여야 할 것이다.

2) 지구단위계획 변경 추진 절차(앞장의 도시계획시설 결정을 위한 절차와 동일)

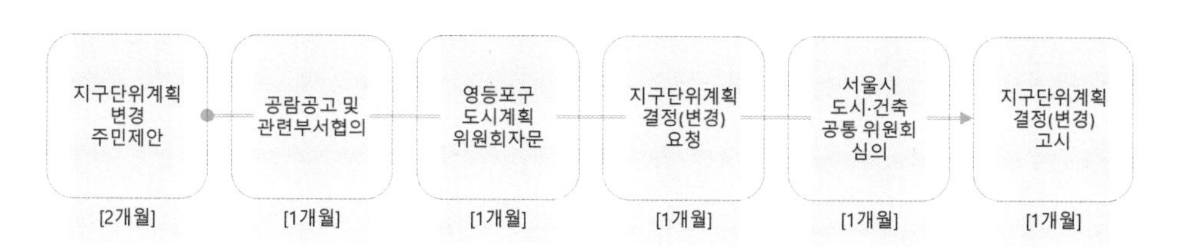

5. 상업지역 내 주거복합 건축물의 용도비율 및 용적률

본 대지에 주거복합을 기획해야 한다. 서울시에서는 상업지역 내 주거복합 건축 시 별도의 용적률 체계를 정하고 있다. 아래에 그 주요 내용을 정리하였다. 비주거 비율과 임대주택도입 시 건축 가능한 주거용적률 규정이 한시법으로 완화개정 되었다. 참조 바라며, 본 Chapter에서는 원래 기준을 활용하겠다.

구분	주요내용	비고
서울시 도시계획조례 별표3 (2018.1.13 이후 적용)	1. 상업지역 내에서 주거복합건물의 주거외 용도 비율 가. 주거용 외의 용도로 사용되는 부분의 면적 (부대시설의 면적을 포함한다)은 전체 연면적의 30퍼센트(의무 비율) 이상으로 한다. [근린상업지역 및 법 제2조제3호에 따른 도시기본계획(생활권계획 포함)의 중심지체계 상 지구중심 이하에 해당하는 일반상업지역에서는 20퍼센트 이상으로 한다.] 이때 주거용 외의 용도 비율(의무 비율)에서 「주택법 시행령」 제4조에 따른 준주택은 제외한다. 나. 가목에도 불구하고 다음의 어느 하나에 해당하는 경우에는 시도시계획위원회·도시재정비위원회 또는 시장정비사업심의위원회 등 해당 위원회의 심의를 거쳐 주거용 외의 용도로 사용되는 부분의 면적(부대시설의 면적을 포함한다)을 전체 연면적의 10퍼센트 이상으로 할 수 있다. 2) 「도시재정비 촉진을 위한 특별법」에 따른 재정비촉진지구 3) 「전통시장 및 상점가 육성을 위한 특별법」에 따른 시장정비사업 추진계획 승인대상 재래시장 2. 상업지역 내에서 주거복합건물의 용적률 상업지역 내에서 주거용 용적률은 다음과 같이 한다. 가. 주거용으로 사용되는 부분의 용적률(주거용 부대시설의 용적률을 포함한다)은 400퍼센트 이하로 한다. 다. 가목에도 불구하고 1호 나목의 어느 하나에 해당하는 경우에는 시도시계획위원회·도시재정비위원회 등 해당 위원회의 심의를 거쳐 주거용으로 사용되는 부분의 용적률(주거용 부대시설의 용적률을 포함한다)은 400퍼센트 이상으로 할 수 있다.	재정비촉진지구 및 시장정비사업 의 경우 완화적용 가능

1) 시장정비사업으로 추진 시

주거복합건축물의 주거 외 용도비율 및 주거용 용적률을 완화하여 적용 가능하다.

2) 지구단위계획 변경으로 추진 시

주거복합 건축물의 주거 외 용도비율(30% 이상) 및 주거용 용적률(400% 이하)을 준수하여야 한다.

6. 사업부지 최적화 추진방안 선택

위에서 사업부지에 주거복합 건축 시 추진방안을 설정하기 위해 주요 내용을 검토해 보았다. 기획검토를 진행하면서 불확실성이 있는 방안은 일단 제외하는 것이 좋다. 시장정비사업의 경우 입점상인 보호대책이라는 필수 조건이 있으며, 이는 최종적으로 인허가권자와 협의 및 심의 후에 결정되는 것이기 때문에, 사업시행자가 예상하기란 쉽지 않다. 사업추진을 위한 동의 여부에 있어서는 시장정비사업이든 지구단위변경이든 동의가 필요하므로 같은 조건이라 할 수 있다. 마지막으로 정성적인 평가에 있어서 시장정비사업과 지구단위계획변경을 통한 시장폐지 모두 현재 시장이 경쟁력이 없고 노후화되어 있으며, 상권활성화와 도시개발을 위해 필요가 있을 시 이루어지는 것이기 때문에 이 또한 같은 조건이다. 따라서 좀 더 불확실성이 없는 지구단위계획 변경을 통한 사업추진방안으로 기획설계를 진행하기로 한다.

7. 법규 검토

도시계획시설의 변경관련 사항은 먼저 검토하였다. 건축규모 및 인허가기간에 관한 사항 확인을 위해, 확인이 필요한 법규는 아래와 같다.

1) 규모 검토 시 확인 법규 및 주요 사항

(1) 지구단위계획

대지개발 조건, 건폐율, 용적률, 용도, 높이, 결정도 계획 등 확인

(2) 도시계획 조례

건폐율, 용적률, 건축가능용도 등

(3) 건축법

건축물의 피난시설(피난 계단, 비상승강기 등), 대지 내 공지, 공개공지, 최고높이, 건축물의 일조

(4) 주차장 조례

주차 대수, 부설주차장설치제한구역 등 확인

2) 인허가 기간 검토 시 확인 법규 및 주요 사항

(1) 국토의 계획 및 이용에 관한 법률

도시관리계획 변경의 민간제안 절차

(2) 서울시 교통영향분석 및 개선대책에 관한 조례

교평심의

(3) 건축법

건축심의, 특수구조건축물 구조안전심의, 굴토심의, 철거심의

(4) 초고층 및 지하연계 복합건축물 특별법

사전재난영향성검토(Brief Check 초고층 또는 지하역사와 연결된 건축물)

(5) 서울시 환경영향평가 조례

환경영향평가 해당 여부 확인(Brief Check 연면적 10만㎡ 이상)

(6) 자연재해대책법

사전재해영향성 검토 확인(Brief Check 대지면적 5천㎡ 이상)

(7) 서울시 빛공해 방지 및 좋은빛 형성 관련 조례

빛공해 심의(Brief Check 5층 이상의 건축물)

(8) 경관법

경관심의(Brief Check 16층 이상 건축물, 중점경관관리구역 5층 이상 건축물)

(9) 교육환경보호에 관한 법률

교육환경평가(Brief Check 교육환경보호구역 21층 이상 건축물: 주요 사항은 일조임)

(10) 지하안전관리에 관한 특별법

지하안전영향평가(소규모: 지하 10~20m 미만 / 정식: 지하 20m 이상)

(11) 철도안전법

지하철영향성검토(Brief Check 지하철 궤도에서 반경 6~30m 이내 지하건축물 건축 시)

(12) 기타 자치구 건축위원회 심의 또는 자문 운영 기준 대상 확인

지구단위계획에서 정한 가용 용도, 건폐율, 용적률을 기준으로 적용한다. 대지 내 공지는 결정도상에 나온 전면공지 등 건축한계선 3~5m, 조례에 의한 인접대지와의 경계선 1m 이상을 설정한다. 근린상업지역에서 주거복합 건축 시 주택사업계획승인대상이 되지 않게 하기 위하여 300세대 미만으로 계획한다.

상업지역에서 서울시 주거복합용도 건축기준을 준수 시 자연스레 그리 많은 세대수는 나오지 않는다. 그리고 근린상업지역에서도 공동주택용도 도입 시 채광방향의 이격거리(대지경계선의 1/4 이상 이격)을 준수하여야 한다. 인허가 기간산정의 주요 Activity 사항은 지구단위계획 변경과 건축심의이다.

8. 인허가 기간

- 계획도서 작성(2개월) → 지구단위계획변경(7개월) → 건축 및 교통 심의(3개월) → 건축허가 도서작성(1.5개월) → 건축허가(1개월) → 구조/굴토심의(1.5개월): Total 14개월

본 대지는 학교환경보호구역이므로 만약 21층 이상의 서울시 심의대상 건축물을 계획한다면 학교의 일조에 영향을 미치는 사항에 대해 평가를 해야 한다.

9. 계획 및 건축개요

일반상업지역에서는 공동주택의 용적률을 400%까지만 계획한다. 그러면 비주거 비율기준인 연면적의 30% 이상은 자연스레 충족될 것이다. 본 사업구역은 특별구역 A와 B로 나뉘어져 있어, 2개의 대지에 용적률과 건폐율을 각각 적용하여 계획한다. 특별구역 A와 같은 대지는 장변으로 긴 형상이므로 공동주택계획 시 채광 방향 이격거리를 감안한다.

근린상업지역과 준주거지역에서는 채광이격거리라는 대지경계(도로가 있을시 도로 중심부터)에서 4분의 1만큼 해당 부위와의 이격이 필요하다. 여기서 해당 부위란 주거부를 말한다. 구역계선 내에 획지선, 즉 대지경계선이 있다. 그 사이에 계획되어 있는 공공시설 등(도로 등)은 기부채납대상으로 상한용적률에 적용할 수 있다. 그러나 본 구역에서는 그 부분이 이미 도시계획 도로로 형성되어 있어 상한용적률에 반영하지 않는다.

지구단위계획 내용에 명기된 허용용적률 인센티브 중 전면공지, 친환경 의무사항, 공개공지 정도의 항목 반영 시 두 개 구역 모두 허용 인센티브까지 달성은 가능하다. 주상복합도 공개공지 설치 시, 설치 의무 대상 건축물에 속하지 않더라도 용적률 인센티브를 받을 수 있다. 다만 흔히 볼 수 있는 주상복합 외의 주택사업계획 승인대상 아파트, 쉽게 말해 아파트 단지 같은 경우에 있어서는 제외된다는 것을 기억하자.

1) 상품 구성

주택사업계획 승인대상이 되지 않도록 주택 수는 300세대 미만으로 계획한다. 특별계획구역A 같은 경우는 도시형생활주택 규모의 소형 공동주택 아파트를 적용하며, 특별계획구역 B는 분양면적 30평대의 아파트를 계획한다. 이는 건축주의 요구사항이 반영된 것으로 반드시 그래야 하는 것은 아니다. 그러나 특별구역 B 같은 경우 소형주택 건축 시 대지가 크기 때문에 주택사업계획승인 대상 세대수에 해당되어 사업 기간에 영향이 있을 수 있다. 기획 초반에 적용 상품에 대한 결정이 필요한 이유이다.

2) 특별계획구역 A 건축개요

- 계획 층수: 지하 4층, 지상 16층
- 상품 구성: 지하 주차장, 지상 1~4층 근린생활시설, 지상 5~16층 공동주택(도시형 생활주택)
- 계획 용적률: 494.74%(법정 500%)
- 주거 부분 용적률: 354.6%
- 계획 높이: 61.8m(판매시설 5.0m / 공동주택 3.1m, 법정 80m 이하)
- 연면적: 21,122.2㎡
- 계획 세대수: 299세대(전용 17.5㎡-286세대, 전용34.9㎡-13세대)
- 주차: 전용 30㎡ 미만 세대당 0.5대, 전용 30㎡~50㎡ 이하 세대당 0.6대(주택건설 기준 등에 관한 규정), 전체 법정대수의 105% 수준

3) 특별계획구역 B 건축개요

- 계획 층수: 지하 3층, 지상 16층
- 상품 구성: 지하 주차장, 지상 1~4층 근린생활시설, 지상 5~16층 공동주택 (아파트 3호 또는 2호 조합)
- 계획 용적률: 446%(법정 450%)
- 계획 높이: 60m(근린생활시설 4.5m / 공동주택 3.1m, 법정 60m 이하)
- 연면적: 25,939.1㎡
- 계획 세대수: 96세대(전용 84.99㎡-96세대)
- 주차: 전용 75㎡당 1대(주택건설 기준 등에 관한 규정), 전체 법정대수의 105% 수준

특별계획구역 A에서는 공동주택 부분 전용률이 60% 전후, 특별계획구역 B에서는 70% 전후 형성되었으면 적정하다. 근린생활시설의 전용률은 50% 초반(1층은 그보다 약간 하락할 수 있다) 정도로 형성된다. 전용률이 너무 높거나 낮은 것은 좋지 않다. 요즘 공동주택의 공용부 프로그램이 다양화되면서 기본적으로 무인택배, 공용창고, 로비특화 공간을 반영한 공용시설에 대한 면적은 감안하여야 한다.

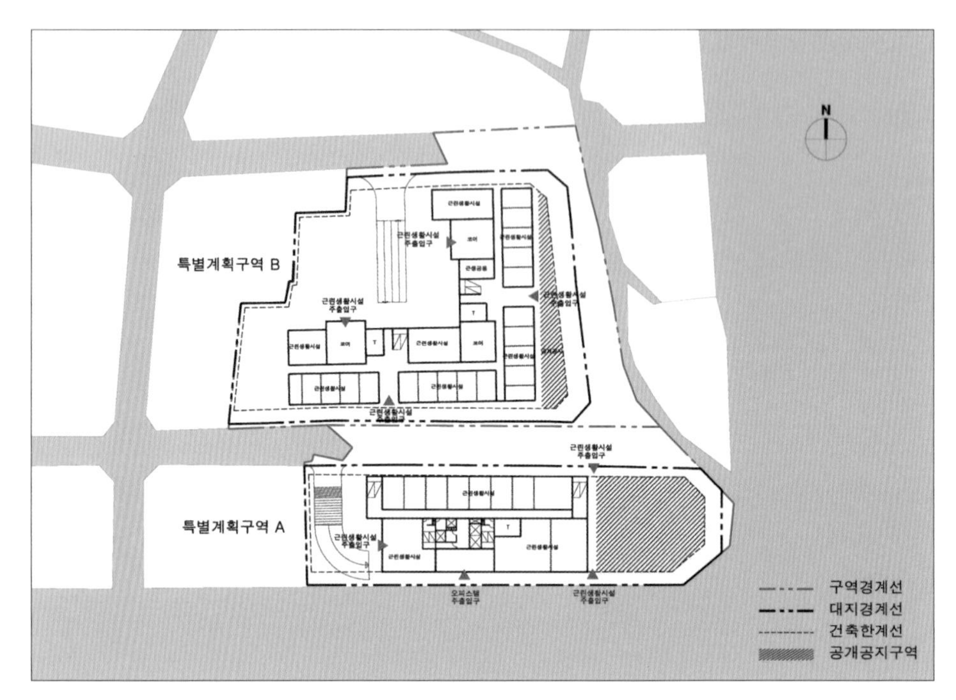
N
특별계획구역 B
특별계획구역 A
근린생활시설
주출입구
오피스텔
주출입구
구역경계선
대지경계선
건축한계선
공개공지구역

〈1층〉

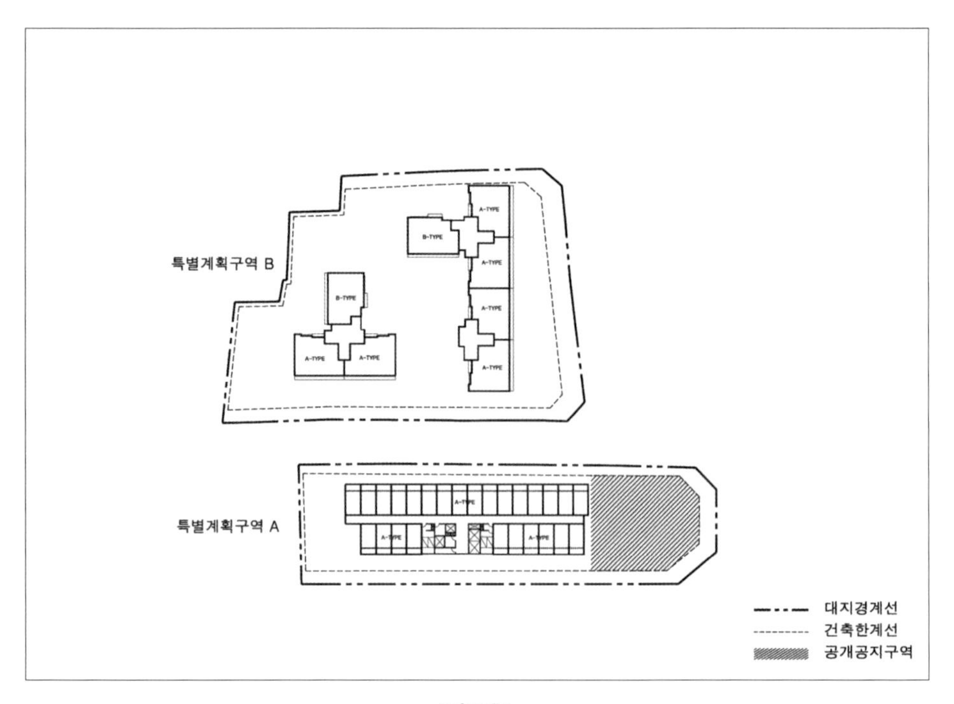
특별계획구역 B
특별계획구역 A
A-TYPE
B-TYPE
대지경계선
건축한계선
공개공지구역

〈기준층〉

CHAPTER 14.

문화재보호, 전술항공작전 구역이란

1. 매장문화재와 문화재보존지역의 확인

토지이용계획원 열람 시 매장문화재 유존지역 또는 역사문화환경 보존지역과 같은 지역지구 문구를 볼 수 있다. 서울시에서는 주로 사대문 안의 대부분의 지역에 본 조항이 있는데 기획 검토 시 인허가 절차 및 기간에 반드시 고려해야 하는 사항이므로 확인해야 한다.

2. 매장문화재 유존지역 관련

1) 관련 법령

- 매장문화재 보호 및 조사에 관한 법률 제4조 매장문화재 유존지역의 보호
- 매장문화재 보호 및 조사에 관한 법률 제6조 매장문화재 지표조사
- 매장문화재 보호 및 조사에 관한 법률 제11조 매장문화재의 발굴 허가 등
- 매장문화재 보호 및 조사에 관한 법률 시행령 3조 매장문화재 유존지역의 범위

본 법령에 따라 매장문화재가 존재하는 것으로 인정되는 지역은 국가에서 문화유적분포지도에 표시하게 된다. 문화재청 문화재보존관리지도에서 해당 대지가 발굴조사지역인지 확인이 필요하다.

2) 확인 사항

- 해당 대지가 기 지표조사 또는 발굴조사를 수행하였는지 확인
- 문화유적분포지도 확인
- 국가 또는 시 · 도지정문화재 확인

3. 지표조사

사업면적이 3만㎡ 이상의 건설공사 또는 문화재 분포 가능성이 예상되어 해당 지자체장이 조사하여야 할 것으로 결정한 건설공사 시 수행해야 한다. 지표조사의 방법 및 절차 등에 관한 규정에 맞게 수행하며 수행 시기는 사업계획수립 전이다.

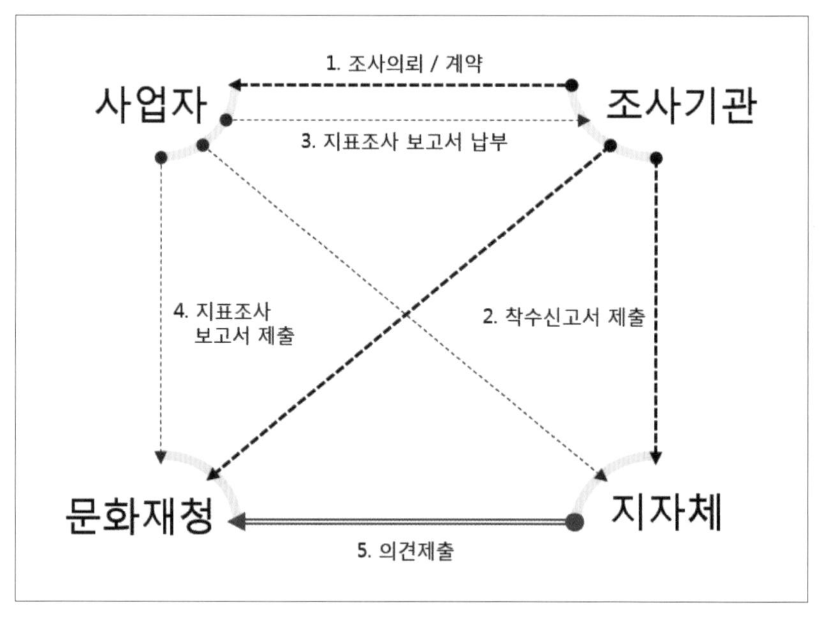

〈절차도〉

4. 발굴조사

발굴조사는 표본조사, 시굴조사, 정밀조사로 나뉜다. 일반적으로 표본조사 또는 시굴조사를 실시한 이후에 이를 토대로 정밀발굴조사를 실시한다. 시굴조사 및 정밀발굴조사는 반드시 문화재청의 허가를 받아야 하며, 매장문화재의 분포가 넓거나 중요한 유적의 경우에는 문화재 위원회의 심의를 거쳐 발굴 허가가 진행된다. 심의를 받는 조건은 시행령에 자세히 나와 있고 주로 문화재 보호구역에서 시행되는 건설공사는 그 대상이 된다. 서울시에서는 사대문 안을 중심으로 서울시 gis에 어떠한 발굴조사를 기본적으로 수행해야 하는지 나타나 있으므로 참조하면 된다.

1) 표본조사

건설공사 사업면적 중 매장문화재 유존지역 면적의 2% 이하의 범위에서 매장문화재 발굴조사 조치 여부를 결정하기 위하여, 별도로 문화재청의 발굴 허가를 받지 않고 매장문화재의 종류 및 분포 등을 표본적으로 조사하는 것

2) 시굴조사

건설공사 사업면적 중 매장문화재 유존지역 면적의 10% 이하의 범위에서 정밀발굴조사를 실시하기 전에 정확한 유적의 양상과 범위를 확인하기 위한 조사

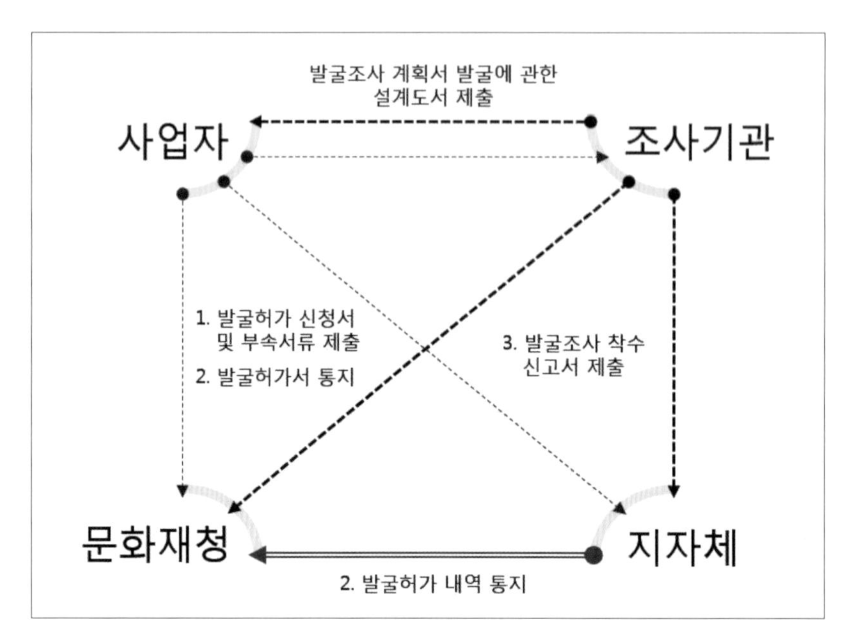
발굴조사 계획서 발굴에 관한
설계도서 제출
사업자
조사기관
1. 발굴허가 신청서
및 부속서류 제출
2. 발굴허가서 통지
3. 발굴조사 착수
신고서 제출
문화재청
지자체
2. 발굴허가 내역 통지

〈절차도〉

5. 매장문화재의 보존 조치

만약 조사를 통해서 발굴된 매장문화재가 예술적, 역사적, 학술적으로 가치가 큰 경우 문화재위원회 심의를 거쳐 발굴 허가를 받은 사업자에게 보존조치를 할 수 있다. 이로 인해 개발사업의 전부를 시행 또는 완료하지 못하게 된 경우 국가 또는 지자체는 해당 토지를 매입할 수 있어 보상을 받고 사업을 그만해야 하는 경우가 발생할 수 있다.

6. 역사문화환경 보존지역 관련

1) 관련 법령

- 문화재보호법 제13조 역사문화환경 보존지역의 보호
- 문화재보호법 제35조 허가사항
- 문화재보호법 시행령 제21조 허가절차

본 법령에 따라 시 · 도지사는 지정문화재의 역사문화환경 보호를 위해 문화재청장과 협의하여 각 지자체 조례로 역사문화환경 보존지역을 정해야 한다. 역사문화환경 보존지역은 문화재청 홈페이지 문화재 보존관리지도에 시스템이 구축되어 있으니 해당 사항이 된다면 반드시 확인해야 한다. 법에서는 지정문화재 외곽경계로부터 500m 이내에 보존지역을 설정하도록 되어 있고, 서울시에서는 국가지정문화재 100m, 시 · 도지정문화재는 50m로 그 범위를 구체화하고 있다.

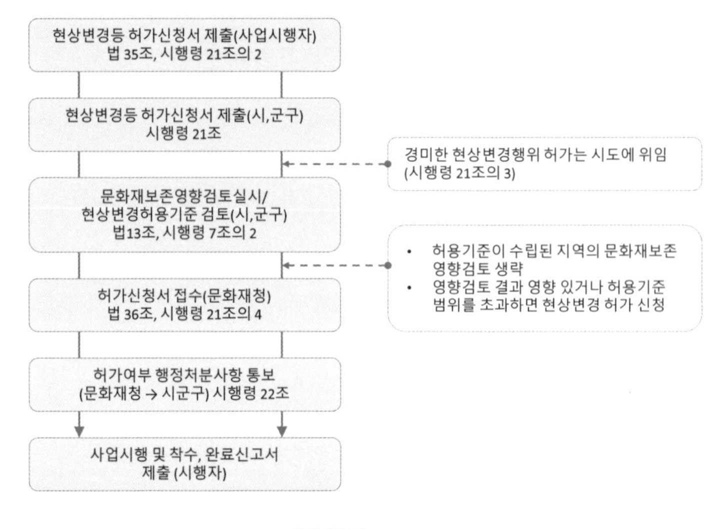

〈절차도〉

7. 현상변경 허용 기준

법 제13조제4항에 따라 지정문화재 역사문화환경 보존지역에서의 문화재보존에 영향을 미칠 우려가 있는 행위에 관한 구체적인 행위기준을 문화재청장 또는 시 · 도지사는 수립하여야 하고, 그것을 허용 기준이라 부른다. 이 허용 기준에서 건축 행위에 필요한 기준도 수립된다. 중요한 것은 문화재 주변 높이 제한인데 거리별로 구역을 나누어 그 기준을 제시하고 있으니 반드시 확인해야 한다. 서울시에서는 문화재보호구역 경계에서 문화재 높이를 기준하여 앙각 27도선으로 높이제한을 두고 있다. 앙각 27도선이란 보호구역 경계 지점에서 건축행위를 할 예정인 건축물까지의 거리와 건축물 높이가 2:1에 해당하는 선을 말한다. 단, 앙각을 적용하여 현상변경 허용 기준을 수립하였으므로 현상 변경 허용 기준 제한높이가 우선이라 할 수 있다. 이 높이 기준은 다른 법령의 높이 기준보다 보수적이므로 여러 가지 높이제약이 중복된 대지라면 현상변경 허용 기준 최고높이를 적용해야 한다. 문화재청 홈페이지의 문화재공간정보서비스 내에 각 문화재별 현상병경 허용 기준이 고시되어 있으니 참조하고, 만약 고시되어 있지 않은 문화재가 있다면(거의 없겠지만) 상기 절차대로 문화재보존영향검토 등을 수행 후 사업을 진행하면 된다.

8. 대공방어협조구역, 비행안전구역?

건축물 건축 시 높이 제약사항 중 군사기지 및 군사시설 보호법에 의한 대공방어협조구역, 비행안전 구역의 용어를 볼 수 있다. 대공방어협조구역은 레인지로 설정이 되어 있고 대공방어진지에 배치된 대공화기의 사정거리 의 수평조준선 높이보다 높은 건축물을 건축 시 군부대와 협의해야 하는 사항이다. 사실 이 대공포대가 있는 건물이 어느 정도 높이에 있는지는 파악하기 어렵다. 보통 이 제약에 저촉되는 경우는 흔하지 않으나, 만약 대공방어협조구역의 높이 상한이 건축을 계획하고 있는 높이보다 낮을 경우에는 반드시 확인해야 한다. 짓고자 하는 신축건물 옥상에 대공방어진지가 구축될 수도 있기 때문이다. 이와 관련해 수도방위사령부에서는 군사시설보호구역(대공방어협조구역 포함)에 있어 사전상담제를 시행하고 있으니 활용하길 바란다.(수방사 02-524-3313)

1) 비행안전구역 관련

비안행안전구역이란 군용항공기의 이착륙에 있어서의 안전비행을 위하여 국방부장관이 군사기지 및 군사시설 보호법에 따라 지정 고시하는 구역을 말한다. 비행안전구역은 전술항공작전기지, 지원항공작전기지, 헬기전용 · 예비항공 작전기지, 비상활주로로 구분되며, 각 구역마다 세부 구역을 나누어 건축물 건축, 공작물 또는 식물이나 그 밖에 장애물의 설치, 재배 또는 방치하는 행위에 제한을 두고 있다.

2) 각 구역별 세부 구역설정 및 높이 한도 기준

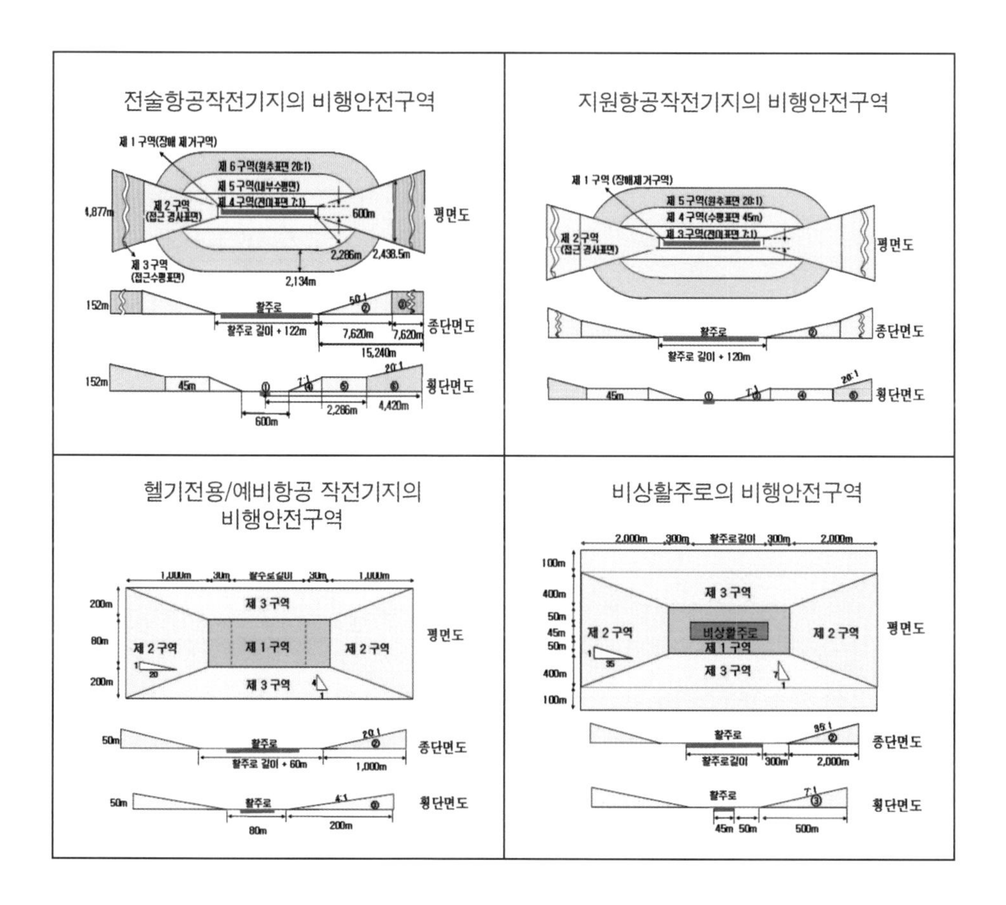

3) 건축물 높이 산정

각 해당 구역별로 높이제한 기준이 다르다. 또한 활주로 표면(이하 공항표고)이 기준이 되고 있어 공항표고가 어느 정도 높이에 있는지 확인이 필요하다. 군부대에 확인하는 등 여러 가지 방법이 있을 수 있으나, 공항공역관리 연구소 사이트에서 확인하면 간편하다. 본 사이트에서는 공항표고 높이, 신축부지가 해당하는 비행안전구역의 명칭 및 신축부지의 제한고도에 대한 정보를 확인할 수 있다.

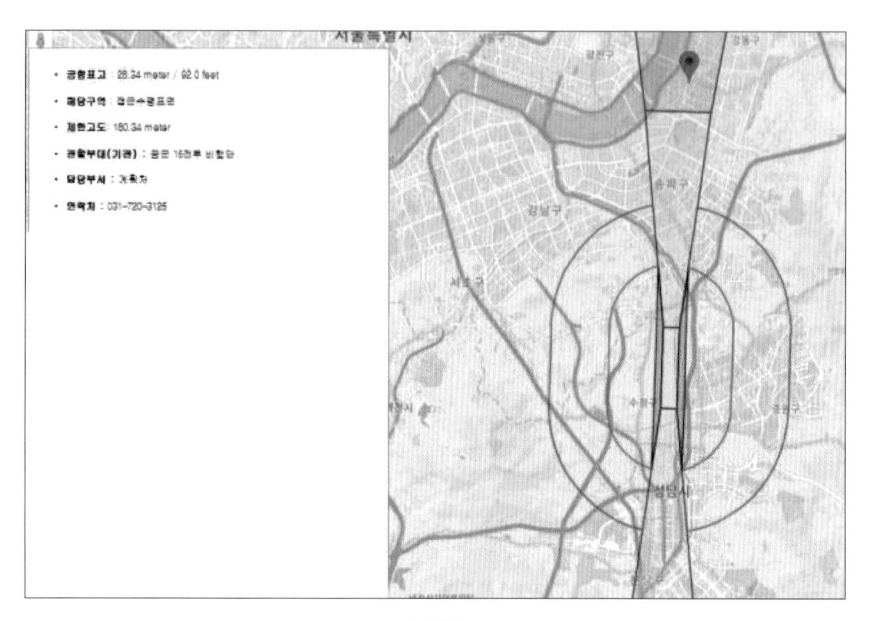

〈예시〉

예를 들어 공항표고가 28.34m이고, 붉은색으로 표기되어 있는 사업부지의 제한고도가 180.34m라면 공항표고 레벨 기준으로 152m의 건축물 최고 높이가 적용된다.

한 가지 더 생각해 보자. 비행안전구역의 높이제한사항 확인을 위한 공항표고는 해발 고도이다. 당연히 공항표고를 기준으로 각 구역별로 높이제한이 되는 수치 또한 해발 고도이다. 그러면 사업부지의 해발 고도에 따라 건축하고자 하는 건축물의 높이에 영향을 줄 수 있다. 즉, 공항표고보다 사업부지의 해발 고도가 낮다면 그만큼 건축물 높이에 여유가 있는 것이다.

CHAPTER 15.

도시환경정비사업 관광숙박시설 기획 사례

1. 대지 현황 분석

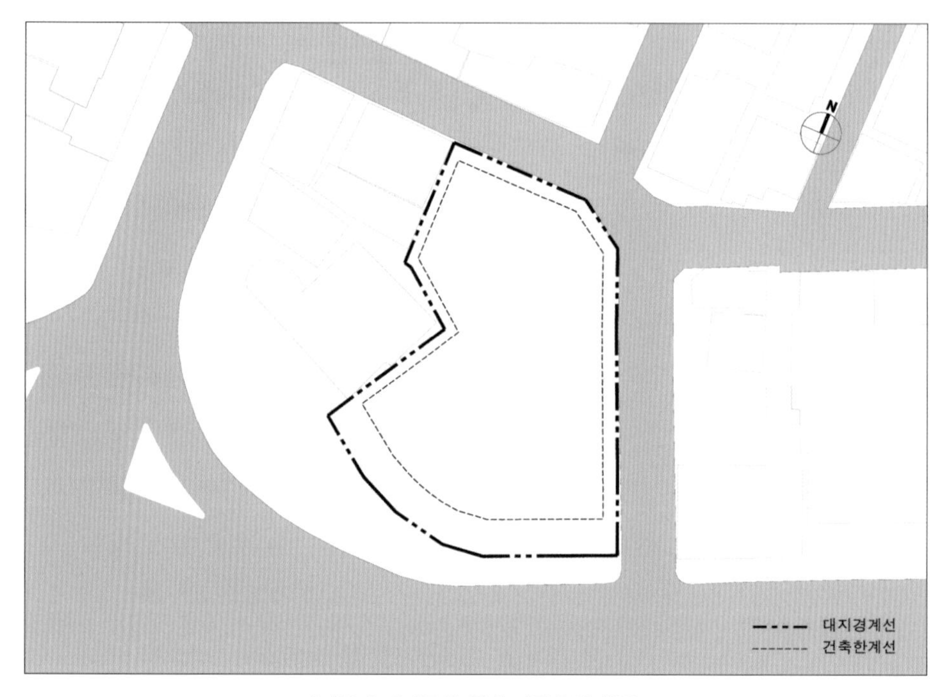

〈서울시 서대문구 일대 관광숙박시설〉

대지면적: 1,556.9㎡

국토계획법 등에 따른 지역지구: 일반상업지역, 중심미관지구, 정비구역, 부설주차장 설치제한구역, 교육환경상대보호구역

본 대지는 정비구역이며, 정비구역 지정 및 정비계획 고시문에 세부개발계획이 수립되어 있는 지구이다. 세부개발계획에는 지하철 연결 통로와 지상층에 기반시설 중 도시관리계획으로 정한 도시계획시설이 기부채납되는 내용이 포함되어 있다. 앞서 살펴본 대로 정비계획에는 도시계획시설 및 정비기반시설에 관한 내용이 포함되어야 한다. 본 대지의 기반시설인 도서관은 도시계획시설로 결정하지 않아

도 되는 용도이나, 공공기여 사항을 명확히 한 후 상한용적률을 산출하기 위하여 명기되었다.

사실 공공청사 등 도시계획시설로 지정하지 않아도 되는 시설들을 공공기여로 지자체에서 받고자 한다면, 지구단위계획구역 내 특별계획구역의 세부개발계획 수립 시나 정비계획 수립 시 그 내용을 고시문에 반영하여 사업시행자로 하여금 혼선이 없게 하는 것이 좋다고 생각한다.

대지 모양이 그다지 좋지 않다. 원하고자 하는 용적률과 연면적은 가능할 수 있으나 지하주차의 효율 저하 등 계획적으로 불리한 요소이다. 남측 전면대로변과 북측 소로 간 대지 레벨 차이가 약 2.5m 정도 된다. 지상 1층을 지하 1층으로 무리하게 계획하는 일이 없기를 바란다. 정비계획이 수립된 지역이나 변경이 필요한 부분이 있다. 정비계획 변경 시 경미한 처리가 가능한지와 기타 규모에 영향을 끼치는 부분을 먼저 살펴보겠다.

2. 정비계획 내용 검토

해당 지역은 기존 지구단위계획 특별계획구역으로 지정되어 있다가 정비구역으로 변경된 지역이다. 따라서 정비계획 내용 중에 지구단위계획 내용도 일부 포함되어 있다. 사실 지구단위계획 내용과 정비계획 내용은 매우 비슷하다. 법에서도 정비계획 내용 중 지구단위계획의 내용과 관련 있는 사항은 지구단위계획구역으로, 정비계획 내용이 반영된 지구단위계획구역은 정비구역으로 본다고 하고 있다. 용적률과 건폐율의 완화 규정에 있어서도 국토계획법에 따른 지구단위계획 내용이 정비계획에서 준용되고 있다.

1) 지구단위계획 주요 내용

구분	주요 내용	비고
	특별계획구역 계획지침	
용도지역	일반상업지역	
용도지구	중심지미관지구, 방화지구	
권장용도	판매, 업무, 관광숙박, 1, 2종 근린생활시설 중 서점	
불허용도	단독주택, 공동주택(주거복합 건축물 제외) 등	
건폐율	60%	
용적률	기준 600% / 허용 800% / 상한 법적 용적률의 2배 이하	
최고높이	100m 이하	
	특별계획구역의 용도, 밀도, 최고높이 이외의 사항은 도시환경정비기본계획에서 정한 바에 따름	

2) 정비계획 주요 내용

<table>
<tr><th>구</th><th>주요 내용</th><th>비고</th></tr>
<tr><td colspan="3">정비계획</td></tr>
<tr><td>주용도</td><td>관광숙박시설</td><td></td></tr>
<tr><td>건폐율 / 높이</td><td>60% / 100m 이하</td><td></td></tr>
<tr><td>용적률</td><td>기준 600% / 허용 800% / 상한 1151%</td><td></td></tr>
<tr><td>허용용적률
내용</td><td>
· 용적률 인센티브 적용에 따른 허용용적률 완화 : 200%
<table>
<tr><td colspan="3">인센티브 항목</td><td>산식</td><td>산정값</td></tr>
<tr><td rowspan="3">계획유도
인센티브</td><td>대지내공지</td><td>전면공지</td><td>600 x (98.4/1,556.9 x 3) = 113.76</td><td>113.76</td></tr>
<tr><td>건축물용도</td><td>저층부 가로활성 화용도</td><td>600 x 0.1 = 60.00</td><td>60.00</td></tr>
<tr><td>보행개선</td><td>지하철 지하연결통로 설치</td><td>600 x 0.5 = 300.00</td><td>300.00</td></tr>
<tr><td rowspan="4">친환경
인센티브</td><td rowspan="4">환경친화 및
에너지 효율화</td><td>신재생에너지보급 확대
(총 사용량 9%이상)</td><td>600 x 0.05 = 30.0</td><td>30.00</td></tr>
<tr><td>에너지소비총량제</td><td>600 x 0.05 = 30.0</td><td>30.00</td></tr>
<tr><td>옥상녹화</td><td>600 x (156.4/1,556.9) x 0.1 = 60.2</td><td>6.02</td></tr>
<tr><td>자연지반</td><td>600 x (249.7/1,556.9) x 0.2 = 19.24</td><td>19.24</td></tr>
<tr><td colspan="3">허용용적률 (기준용적률 + 인센티브)</td><td colspan="2">200 % (≤599.02)</td></tr>
</table>
</td><td></td></tr>
<tr><td>상한용적률
내용</td><td>
· 건축물(도서관) 공공시설 제공 : 88.80%
= 800% x [1.3 x 1 x (119.95/1,558.9-119.95)] = 88.80%
<table>
<tr><td>구분</td><td>면적</td><td>비고</td></tr>
<tr><td>환산부지 면적</td><td>51.81 ㎡</td><td>건축물 제공면적 : 999.59 ㎡</td></tr>
<tr><td>대지지분</td><td>68.14 ㎡</td><td></td></tr>
<tr><td>공공시설제공 합계</td><td>119.95 ㎡</td><td></td></tr>
</table>
</td><td></td></tr>
<tr><td>관광숙박시설
도입에 따른
특례 용적률</td><td>
· 관광숙박시설 인센티브 용적률 : 264.59%
= (특별법령용적률 – 허용용적률) x 관광숙박시설 비율 x 인센티브 계수
= (1,300 – 800) x 0.7259 x 0.729 = 264.59%
<table>
<tr><td rowspan="3">관광숙박
시설비율</td><td colspan="7">인센티브 계수</td></tr>
<tr><td rowspan="2">계수</td><td colspan="2">입지여건</td><td colspan="2">건축계획</td><td colspan="2">교통처리</td></tr>
<tr><td>상대
정화구역</td><td>대지면적</td><td>공개공지</td><td>객실비율</td><td>버스
주차공간</td><td>이면도로
진출입</td></tr>
<tr><td rowspan="2">72.59%</td><td rowspan="2">0.729</td><td>○</td><td>1,556.9 ㎡</td><td>법정 10%
이히</td><td>80% 이상</td><td>X</td><td>○</td></tr>
<tr><td>0.9</td><td>1</td><td>0.9</td><td>1.0</td><td>0.9</td><td>1.0</td></tr>
</table>
</td><td>현재
적용할 수
없음</td></tr>
<tr><td colspan="3">본지구에 한해 세부정비계획이 수립되어 상한용적률이 확정된 상태임</td></tr>
</table>

고시문상의 주요 내용을 살펴보았다. 정비구역에서는 정비계획을 변경할 필요가 있는지 아닌지 그렇다면 그 변경은 경미한 것인지 중대한 것인지 우선 파악해야 한다. 일단, 변경은 필수 사항이다. 그 이유는 관광숙박시설 도입에 따른 특례용적

률 인센티브사항은 모법의 소멸로 지금은 받을 수 없는 사유가 가장 크다. 그렇다면 경미한 변경인지 중대한 변경인지 파악하자. 본 정비계획의 변경은 만약 관광숙박시설 도입에 따른 특례용적률 사항만 삭제하는 변경으로 진행한다면 법령에 따라 용적률 축소에 따른 경미한 변경이다. 경미한 변경은 도시계획위원회 심의, 의회의견청취, 주민공람을 하지 않아도 되기 때문에 인허가 기간에 있어서 2~3개월의 단축 효과가 있어 장점이다. 그러나 경미한 변경으로의 진행은 어렵다.

정비계획의 내용 중 건축 시설계획, 보행자동선계획, 주출입구계획 등 많은 건축적 계획 요소들이 담겨져 있고 그중 일부가 위에서 보는 허용용적률 내용에 포함된 인센티브 항목을 통해서 유추할 수 있다. 허용용적률에서 200%의 인센티브밖에 받지 못하는데 왜 많은 항목을 반영했을까? 고시문에 나타난 항목 중에 취사선택을 해도 되지 않을까? 하는 의문이 쉽게 생길 수 있지만 그렇게 하기 위해서는 경미한 변경으로 처리는 어렵다. 정비계획 고시문은 일부이며, 그 고시문이 나오기까지 도시계획위원회 심의를 거친 본래의 도서양은 상당히 많다. 당연히 새로운 사업시행자가 기존에 수립된 정비계획의 내용을 100% 준수하기란 매우 어렵다. 따라서 본 정비구역의 정비계획변경은 중대한 변경으로 일반적인 정비계획변경절차를 따르도록 한다.

3. 정비계획 변경 시 용적률 적용 예상

정비계획 변경 시 최신 정비기본계획내용을 준용해야 한다. 따라서 용적률 인센티브 적용 항목도 그 안에서 적용 가능한 부분을 우선 적용하고 추가로 완화받을 수 있는 부분을 검토해야 한다.

1) 허용용적률 인센티브 항목

(1) 2025 기본계획에 따른 허용용적률 인센티브 적용가능 항목 선별

가. 친환경 준수로 인한 인센티브 100%

나. 저층부 가로활성화 및 무장애 도시조성 인센티브 50%

2) 심의를 통한 추가 허용용적률 인센티브 항목 선별

- 심의를 통해 추가 항목을 정할 수 있고, 통상 그 추가 항목은 지구단위계획 수립 기준에 명시된 계획 유도 항목들이다.
- 허용용적률을 800%까지 달성해야 하기 때문에 추가 항목으로 중수도, 빗물 이용시설, 전면공지항목을 적용 예상한다.
- 현재 정비계획 수립고시문을 보면 대부분 추가 인센티브 항목을 포함시키고 있기 때문에 계획에 무리가 없고 부족한 허용용적률 인센티브를 달성할 수 있을 정도의 항목을 선택 반영한다.

• 적용 인센티브 50%

3) 허용용적률 인센티브 or 조례상 용적률 인센티브 택일 가능 항목(옵션)

(1) 지하철 출입구 대지 내 이설에 따른 시설물 기부채납 또는 구분 지상권 설정 시

2025 기본계획 및 지구단위계획에 보행개선 관련 항목이 있다. 2025 기본계획에서는 30%의 인센티브를 주며, 지구단위계획에서는 기준용적률의 0.5배의 매우 큰 인센티브를 주고 있다. 그러나 두 경우 모두 허용용적률이라는 선을 넘을 수 없기 때문에 본 항목을 조례상 용적률 완화항목으로 적용하는 것이 사업성에는 좋다.

시설물을 설치하여 기부채납 또는 지상권설정을 하는데 상한용적률로 적용 가능하지 않을까 하는 의문이 들 수 있다. 국토계획법에서 정한 상한용적률을 받을 수 있는 공공시설 등에 철도는 포함되어 있지 않았으나, 지금은 상한용적률로도 적용 가능하다.

어느 항목으로 용적률 인센티브를 받을지는 인허가권자와 상의하여 도서작성이 필요하며, 도시계획심의에서 결정된다. 정비기본계획에 따른 인센티브와 조례에 따른 인센티브의 양은 검토해 본 결과 30%로 비슷하다. 실질적으로 관리의 책임 소재 때문에 시설물 기부채납은 받지 않고 구분 지상권만을 택하는 경우가 발생할 수 있는데 법에서 '또는'이라고 명기하였기 때문에 둘 중 하나라도 성립 시 허용용적률의 범위에 포함되지 않는 별도의 인센티브 항목으로 적용 가능하다.

가. 용적률 완화 범위: 국토계획법 시행령상 해당용도지구의 용적률 범위 내

나. 대지 내 지하철 출입구 설치 시 산식: 용적률×지하철출입구 건폐면적÷대지면적 이내

다. 용적률=허용용적률

라. 적용 인센티브: 30%

4) 상한용적률 인센티브 항목

상한용적률이란 국토계획법상 지구단위구역 내에서 완화를 허용한 부분이 기준이 되며, 건축주가 토지를 공공시설 등의 부지로 제공하거나 공공시설 등을 설치하여 제공하는 경우에 기준용적률 또는 허용용적률과 합산한 용적률의 범위 안에서 별도로 정한 용적률이다.

법령에 따라 상한용적률은 법정용적률의 2배 이내에서 형성되어야 한다. 단, 용도지역이 변경되어 용적률 완화를 받은 지역은 변경 후 용도지역의 용적률을 초과할 수 없다.

공개공지는 지구단위계획 수립 기준상 상한용적률로 적용할 수 없고, 허용용적률 인센티브로 적용한다.(예외 사항은 별도 확인)

공공시설(도서관) 시설물 기부채납을 통한 상한용적률에 86.8%의 인센티브를 적용한다.

5) 관광숙박시설 건립 시 조례상 용적률 인센티브(옵션)

관광숙박시설 확충을 위한 특별법은 사라졌으나, 관광진흥법, 시 조례 및 지구단위계획 수립 기준에 따라 서울시에서 관광숙박시설 건축 시 용적률 완화는 가능하다.

관광숙박시설 건립에 따른 용적률 완화는 허용용적률의 20%까지 가능하며 본 대지의 허용용적률을 기준으로 본다면 허용용적률 800%+관광숙박시설 용적률완화 160%로 허용용적률 완화 가능 최대 수치는 960%이다.

※ 전체연면적 대비 관광숙박시설의 연면적에 대한 직보간선법으로 완화량은 정해진다.

서울시에서는 도심부에서 본 사항을 허용용적률 내 인센티브사항에 포함시키나, 도심부 외의 지역에서는 허용용적률 외의 별도 인센티브 항목으로 추가해 주고 있다. 용어가 혼란스러워 조례상 용적률 완화라고 하겠다.

본 기획검토 시는 관광숙박도입으로 용적률 완화 건은 적용하지 않고 추후에 적용토록 하겠다. 관광숙박시설 용도의 연면적이 산출된 후에 구체적 계산이 가능하기 때문이다. 연면적 50%의 관광숙박시설 용도 도입 시 적용 인센티브는 80%이다.

다시 정리하자면 기준, 허용, 상한용적률이라는 단어는 지구단위계획구역에서 쓰는 용어이다. 기준용적률은 조례에서 정한 용적률 범위 내에서 블록별, 필지별로 별도로 정한 용적률로 조례상의 용적률보다 감소된다.

허용용적률이란 지구단위계획을 통하여 정해지는 용적률로 요구하는 사항을 이행한 경우 제공되는 인센티브 용적률과 기준용적률을 합한 용적률이며, 조례에서 정한 용적률과 대부분 동일하다.

상한용적률이란 앞서 설명하였고, 그렇다면 이런 의문이 들을 수도 있다. 상한용적률의 허용범위인 법정용적률의 2배를 넘어서는 용적률을 받을 수는 없는지이다. 그 답은 상기 관광숙박시설이라는 별도로 허용용적률에 추가하여 받을 수 있는 사항을 보면 알 수 있다. 상한용적률이란 국토계획법에서 해당구역의 법정용적률을 완화받을 수 있는 조항에서 출발하였다. 따라서 다른 법령에서 완화를 명시한 사항이 국토계획법 완화조항 내에 포함되어 있지 않다면 별도 용적률을 추가하여 받을 수 있다. 당연히 다른 법령에서 완화를 명시한 사항은 지구단위구역 외의 지역에서 건축 시에도 적용 가능하다.

6) 적용 용적률 정리

- 기획검토 시=1)+2)+4)=886.8%
- Max 적용 가능=1)+2)+3)+4)+5)=996.8%

4. 법규 검토

건축규모 및 인허가 기간에 관하여 도시정비법을 포함한 확인이 필요한 법규는 아래와 같다.

1) 규모 검토 시 확인 법규 및 주요 사항

(1) 도시환경정비법

건폐율, 용적률, 건축가능용도, 높이, 계획시 반영할 사항 등(정비계획 고시문 확인)

(2) 도시계획 조례

건폐율, 용적률, 건축가능용도 등(지구단위계획 확인)

(3) 건축법

건축물의 피난시설(피난 계단, 비상승강기 등), 대지 내 공지, 공개공지, 최고높이

(4) 주차장 조례

주차 대수, 버스대기 및 주차 관련 기준

2) 인허가 기간 검토 시 확인 법규 및 주요 사항

(1) 도시환경정비법

정비계획 수립 민간제안 절차

(2) 서울시 교통영향분석 및 개선대책에 관한 조례

교평심의

(3) 건축법

건축심의, 특수구조건축물 구조안전심의, 굴토심의

(4) 초고층 및 지하연계 복합건축물 특별법

사전재난영향성검토(Brief Check 초고층 또는 지하역사와 연결된 건축물: 주로 소방분야)

(5) 서울시 환경영향평가 조례

환경영향평가 해당 여부 확인(Brief Check 연면적 10만 이상)

(6) 자연재해대책법

사전재해영향성 검토 확인(Brief Check 대지면적 5천 이상)

(7) 서울시 빛공해 방지 및 좋은빛 형성 관련 조례

빛공해 심의(Brief Check 5층 이상의 건축물)

(8) 경관법

경관심의(Brief Check 16층 이상 건축물, 중점경관관리구역 5층 이상 건축물)

(9) 교육환경보호에 관한 법률

교육환경평가(Brief Check 21층 이상 건축물: 주요 사항은 일조임), 상대보호구역 내 시설물 설치 및 영업제한(학교 200m 이내 숙박시설 건축 시)

(10) 지하안전관리에 관한 특별법

지하안전영향평가(소규모: 지하 10~20m 미만 / 정식: 지하 20m 이상)

(11) 관광진흥법

관광숙박사업계획승인

(12) 도시디자인 조례

도시계획시설(지하철 출입구) 디자인 심의

(13) 기타 자치구 건축위원회 심의 또는 자문대상 확인

3) 도시계획시설 입체적 결정

도시계획시설의 결정 · 구조 및 설치기준에 관한 규칙에 입체적 결정이라는 용어의 정의가 되어 있다. 요약하면, 도 · 시 · 군 계획시설이 위치하는 공간의 일부만을 구획하여 시설결정을 할 수 있다는 것이다. 본 사례처럼 사업대지 내에 철도시설물을 설치할 경우 적용해야 하며, 앞서 설명한 도시계획 시설사업의 절차가 동일하게 적용된다. 정비계획 변경 시에 도시계획시설 입체적 결정에 관한 기반시설 내용이 포함되어야 한다. 건축계획적인 측면과 용적률 인센티브 측면에서 연관되어 있기 때문에 이다. 따라서 정비계획 결정의 최종 단계인 도시계획심의를 받기 전 입체적결정과 관련한 협의부서(서울교통공사 등)와 사전협의가 선행되어야

하므로 일정에 Critical Path로 작용하게 된다. 또한 지하철 연결통로 공사와 관련하여 다른 법령에서 규정한 지하안전영향평가, 지하철영향성검토, 출입구 디자인 심의 등의 과정을 거쳐야 한다. 각종 평가 등을 모두 수행 후 입체적 결정에 관련된 사항을 정비계획 결정 내용에 포함하여 진행하면 좋겠으나 인허가 기간 증가라는 제약이 있으니 인허가권자와 협의하여 실시계획 인가 전에 수행 가능한 부분들은 정비계획 결정 후에 진행하는 것으로 고려한다.

4) 숙박시설 검토 시 주거지역 및 학교보호구역 내 건축제한 주요 사항

(1) 도시계획 조례에 의한 건축제한

주거지역으로부터 50m 안의 일반 or 중심상업지역 내 숙박시설 용도 도입제한(단, 관광숙박시설 제외)

(2) 교육환경보호법에 의한 건축제한

가. 절대보호구역은 학교 출입문으로부터 직선거리 50m 이내

나. 상대보호구역은 학교경계 등으로부터 직선거리 200m 이내 구역 중 절대보호구역을 제외한 지역

다. 상대보호구역에서는 법9조에 따라 숙박업(관광숙박업 포함)을 하기 위해서는 교육감의 심의를 거쳐 인정하는 경우에 한함

보호구역 지형도면은 관련 Site 통해 확인 가능, 교육환경보호구역 GIS 이용

정비계획에 의해 주용도, 건폐율, 용적률을 적용한다. 대지 내 공지는 건축선으로부터 3m 이상 이격한다. 중심지 미관지구이기 때문에 대로변에서 전면공지 3m 이상을 확보한다. 공개공지 면적 7% 이상, 조경면적 15% 이상 조성 예상하여 계

획한다. 주차 대수는 부설주차장설치 제한구역임을 최대한 활용하고 대지형상이 좋지 않은 점을 감안하여, 기계식주차를 계획한다.

관광진흥법상 서울시에서 법에서 정한 요건을 갖춘 후 관광숙박사업계획승인을 득한 관광호텔은 교육환경보호법에서 규정한 위원회 심의를 받지 않아도 된다고 되어 있으나, 기획검토 시에는 교육환경보호위원회 검토 과정을 수행하는 것으로 고려한다.

5) 강화되는 안전에 관한 법규 주요 사항

(1) 사전재난영향성검토 사전협의

가. 배경

초고층 건축물 등은 단순한 건축물이 아닌 Landmark로서의 의미를 지니기 때문에 소규모 도시와 같은 시설과 거주자가 항상 존재하는 건축물의 계획 단계부터 재난 및 안전관리에 관한 체계적인 검토와 계획, 재난의 예방, 대비, 대응 및 지원 등에 관한 종합적인 재난방지시스템을 구축함으로써 해당 건축물과 그 주변지역에서 발생할 수 있는 각종 재난을 사전에 예방하고 인명과 재산피해를 최소화하려는 목적으로 시행되며 그 모법은 초고층재난관리법이다.

나. 협의대상 건축물

- 초고층 건축물

층수가 50층 이상 또는 높이가 200m 이상인 초고층 건축물

-지하연계 복합건축물(다음의 요건을 모두 갖춘 것)

층수가 11층 이상이거나 1일 수용인원이 5,000명 이상인 건축물로서 지하부분

이 지하역사 또는 지하도상가와 연결된 건축물, 건축물 안에 문화 및 집회시설, 판매시설, 운수시설, 업무시설, 숙박시설, 유원시설업 등의 시설이 하나 이상 있는 건축물

다. 협의 진행 절차

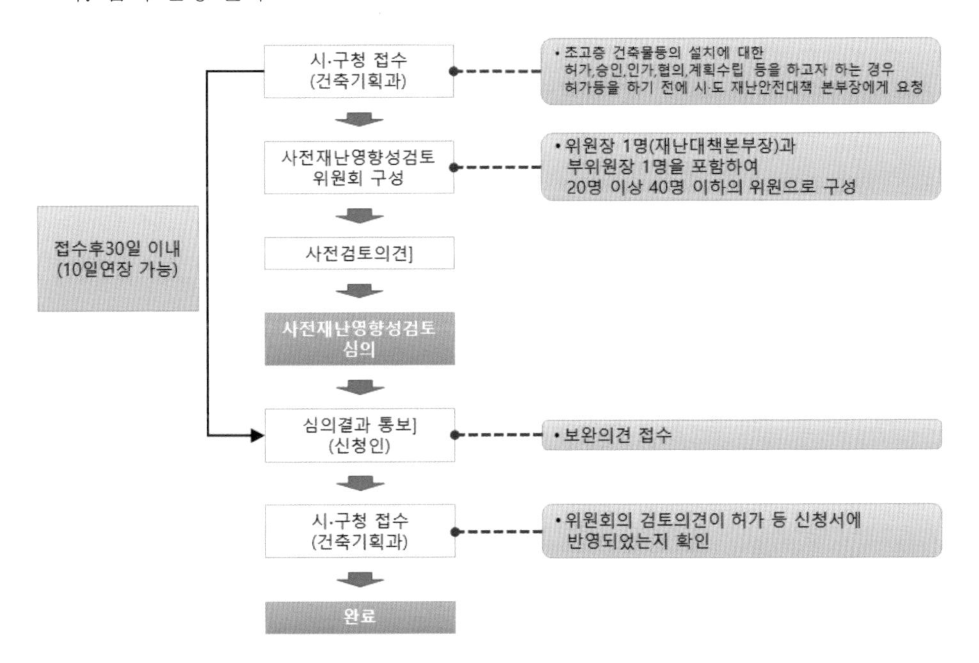

라. 주요 협의 내용

- 종합방재실 설치 및 종합재난관리체제 구축계획
- 내진설계 및 계측설비 설치계획
- 공간 구조 및 배치계획
- 피난안전구역 설치 및 피난시설, 피난유도계획
- 소방설비, 방화구획, 배연 및 제연 등에 관한 계획
- 관계지역에 영향을 주는 재난 및 안전관리 계획
- 방범, 보안, 테러대비 시설설치 및 관리계획
- 지하공간 침수방지계획

(2) 성능위주설계

가. 정의

성능위주설계란 화재안전성능을 확보할 수 없는 특수한 대상물에 대하여, 법규위주의 화재안전기준에 따른 설계보다 동등 이상의 안전성을 확보하고 용도, 위치, 수용인원, 가연물의 종류 및 양 등을 고려하여 성능기준을 만족하는지 분석하여 설계하는 것을 말하며 모법은 소방시설법이다.

나. 적용대상 건축물

- 연면적 20만㎡ 이상인 특정소방대상물
- 건축물의 높이가 100m 이상인 특정소방대상물
- 지하층 포함한 층수가 30개 층 이상인 특정소방대상물
- 하나의 건축물에 영화상영관이 10개 이상인 특정소방대상물
- 지하연계 복합건축물에 해당하는 특정소방대상물

다. 성능위주설계 진행절차

- 건축심의 전 사전검토

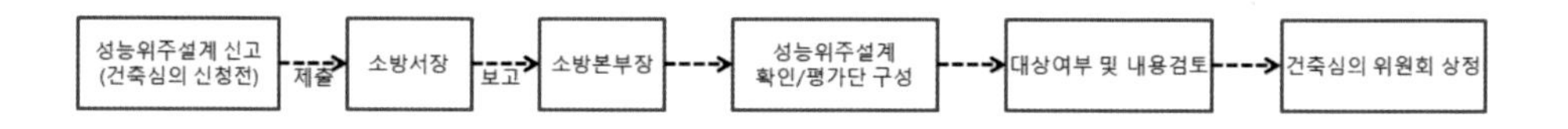

- 건축허가 전 신고

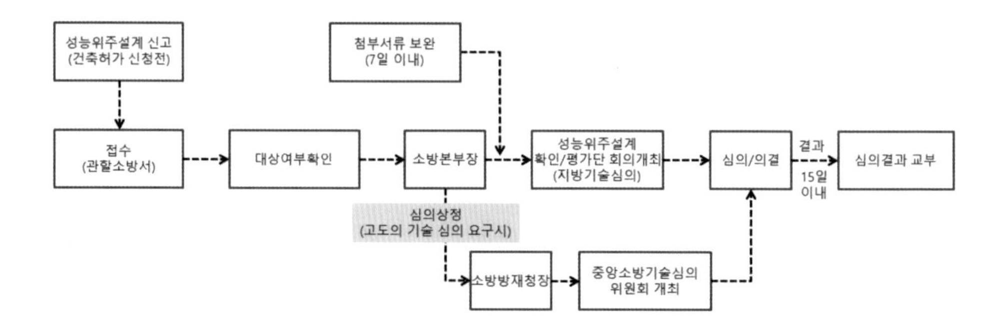

라. 주요 검토 내용
- 소방차량 진입계획
- 종합방재실 및 전기실 설치계획
- 피난 및 방화구획 계획
- 지하주차장 환기 및 배연설비계획
- 피난 안전을 위한 CCTV 설치계획

(3) 지하안전영향평가

가. 배경

잠실 제2롯데월드 주변의 지반침하, 석촌지하차도 하부의 대규모 공동발생 등 도심지에서 지반침하 현상이 계속 발생하면서 인적, 물적 손해가 증가하여 지반침하 예방을 위한 체계적인 지하안전관리의 필요성이 대두됨에 따라 국가 및 지하개발사업자에게 지하안전을 확보하기 위한 안전관리체계를 규정함으로써 공공의 안전을 확보하기 위해 시행되며 관계 법령은 지하안전관리에 관한 특별법이다.

나. 지하안전영향평가의 종류 및 대상사업

구 분	소규모 지하안전 영향평가	지하안전 영향평가	사후 지하안전 영향평가
대상 공사	굴삭깊이 10m - 20m	굴착깊이 20m이상	굴착깊이 20m이상
실시 시기	건축법 제 11조 제 1항에 따른 건축허가 전	건축법 제 11조 제 1항에 따른 건축허가 전	지하안전영향평가에서 적시한 시기
실 시 자	지하개발사업자	지하개발사업자	지하개발사업자
평가 항목	지반 및 지질현황, 지하수변화에 의한 영향, 지반안전성, 지반안전성 확보방안		지하안전확보방안의 적정성 및 이행여부, 계측검토
제출 기관	승인기관의 장 및 국토교통부 장관		

※ 대상사업은 법 제14조 별표 1 참조

다. 지하안전영향평가 진행절차

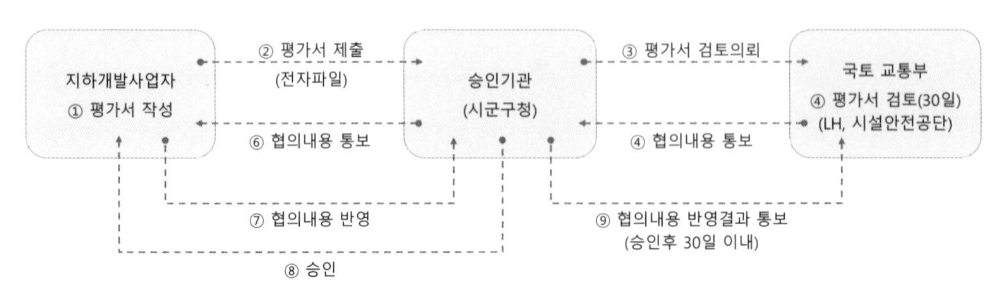

· 만일 승인을 받은 후 사업계획이 변경된 경우 중 굴착깊이 3.0m 이상 증가 / 사업면적 30%이상 증가 의 경우는 재협의 하여야 함 (시행령 제 20조)

라. 주요 평가 내용

- 지반 및 지질현황
- 지하수 변화에 의한 영향
- 지반안전성
- 지하안전 확보방안 이행 여부

5. 인허가 기간

- 계획도서 작성(2개월) → 정비계획 변경(7개월) → 건축 및 교통 심의(3개월) → 사업시행인가 도서작성(1.5개월) → 사업시행인가 접수 및 완료(1.5개월) → 구조/굴토심의(1.5개월): Total 14.5개월(계획도서 작성기간 제외 시)

상기 주요절차 수행 중에 환경영향평가, 재난영향성검토, 사전재해영향성 검토, 지하안전영향평가 등 허가 전에 수행해야 할 각종 평가 및 검토는 병행하는 기준이다.

6. 계획 및 건축개요

숙박시설 계획 시 객실 타입, 공조컨셉, 부대시설(BOH), 별도수직동선, 하역 차량 공간, 분리수거공간과 처리계획 등이 반영되어야 한다. 그중 객실 타입 및 부대시설 공간계획은 호텔 운영사마다 다르기 때문에 적정 공간으로 사업성에 맞추어 기획하고 추후 변경을 예상하여야 한다. 관광호텔은 성급으로 나뉘며 5성급까지 있다. 흔히 이야기하는 비즈니스호텔은 법적으로 명칭되는 호텔은 아니다. 서울에서 관광객 및 직장인을 타깃으로 호텔 식당 등 부대시설을 최소화하고 객실 위주로 영업하는 호텔이다.

본 사업 대상지와 같은 대학가 근처 유동인구를 타깃으로 한다면 관광호텔 2~4성급 이하 수준의 비즈니스호텔로 기준을 삼는 것이 적절하다. 관광호텔의 사업계획 승인 시 법적 계획시설은 객실 수 30실 이상, 버스 주정차 공간 확보 정도이다. 이는 관광진흥법 시행령 별표 1에 따른 것으로 이것만을 제시하고 있다. 단 관광호텔은 등급신청이 의무사항인 만큼 문체부에서는 호텔업 등급 결정 업무 위탁 및 등급 결정에 관한 요령을 제시하여 구성요소 및 부대시설 등 등급 결정에 필요한 사항을 세분화하고 있다. 서비스적인 측면이 많이 포함돼 있는 부분이다. 실무에서는 운영사에서 목표 등급을 설정 후 프로그램 및 매뉴얼을 제시하고 요구하는 시설과 매뉴얼을 설계에 반영하게 된다. 이 타이밍이 설계 초반부터 이루어질 수 없기 때문에 호텔 설계의 경우 설계 중이나 공사 중에 설계변경이 빈번하게 이루어질 확률이 높다.

통상 서울시에서 비즈니스급 호텔의 연면적 구성 비율은 영업 부분(객실, 연회장, 식당, 점포 등) 60% 전후, 공용 부분(로비, 복도 등) 20% 전후, 서비스 부분

(주방, 기계실, BOH 등이며 주차장은 제외) 20% 전후로 구성되니 참조하자.

1) 건축선 정리

건축선에 대해 알아보는 이유는 본 대지에 허용용적률을 받기 위해 추가 인센티브 항목으로 전면공지를 예상하기 때문이다. 건축선이란 건축법에서 정한 도로, 미관지구에 의해 설정된 건축한계선이다. 거기에 조례에서는 대지와 도로와의 관계의 건축선으로부터 이격거리를 두어 건축한계선을 재설정하고 있다. 건축선은 지구단위계획구역으로 넘어오면 건축한계선, 건축지정선, 벽면한계선, 벽면지정선으로 이름이 변형되어 사용된다.

(1) 전면공지

지구단위계획의 건축선에 의해 대지 안에 확보되는 공지로 공개공지가 아닌 것을 크게 일컫는다.

법(도로+미관지구)에 의해 생성된 건축후퇴선은 인센티브를 제외한다. 즉, 지구단위계획구역에서 정한 건축선은 도로 또는 미관지구에 의해 생성된 건축후퇴선이 아닌 이상 인센티브를 받을 수 있는 것이다. 조례에서 정한 건축선 이격거리도 도로, 미관지구에 의한 건축선에 해당되지 않는다면 인센티브 가능하다.

(2) 공개공지

미관지구에서의 건축후퇴선 면적은 산입하지 않는다.

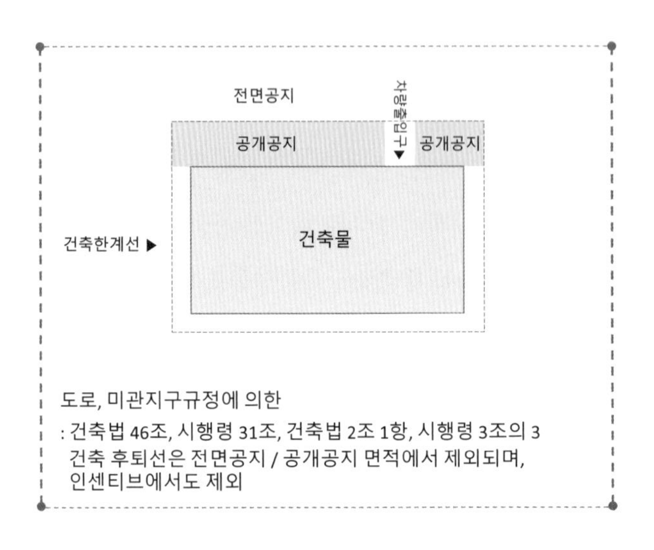

2) 상품 구성

객실은 6.5~7평 내 타입을 구성하고, 지상 5층에 공공기여 도서관 배치, 저층부 가로활성화를 위한 판매시설을 배치한다. 호텔의 로비 및 BOH 등 부대 · 편의시설은 6층에 1개 층을 활용하여 구성한다.(추후 변경 가능) 정비구역에서 고층부(20m 이상, 6층 이상)인 부분은 저층부 벽면에서 Set Back을 유도하고 있으므로 호텔부를 그 하부 판매시설 부위와 일정 거리 벽면 후퇴시킨다.

3) 주동배치 및 지상층별 면적

저층부 판매시설의 전용면적 최적화를 위해 코어를 후면도로변 쪽으로 위치시

킨다. 후면부에 코어를 위치시킬 시 상층부 숙박시설과의 연계도 고려해야 하는데 숙박시설의 계획 면에서는 그리 좋지 않다. 좋은 위치를 수직동선 코어가 위치하기 때문이다. 보통 이럴 때 트랜스퍼 코어로 구성하고, 로비에서 객실로 올라가는 엘리베이터 위치를 변경하여 계획할 수 있다.

최고높이 100m 이하인 구역이므로 높이에 있어서는 매우 매력적인 대지이다. 판매시설은 기준층 층고 5.5m 이상, 숙박시설은 기준층 층고는 3.5m 이상 계획 반영한다. 대략 판매 5.5m 이상 층고 시 천장고 3.7m 이상 확보 가능하며, 숙박시설은 층고 3.5m 계획 시 객실 Bed 2.7m, 호텔부 복도 2.4m 확보가 가능하다. 숙박시설계획에 있어서 전용률은 크게 중요하지 않다. 관광숙박시설로 주용도가 되는 면적 비율을 가지는지 최종 검토 시 확인한다.

4) 지하층별 면적

주용도가 판매, 숙박시설이기 때문에 기계·전기실의 면적은 주거가 주용도인 건축물보다 많이 필요하다. 이유는 공조를 위한 시설, 즉 열원을 공급하는 냉온수기 등의 장비가 필요하기 때문이다. 보통 지상연면적의 5% 정도 수준의 기계·전기실 면적을 산정하며, 지하 2층에 배치한다. 대지의 일부를 활용하여 기계식 주차를 50대 미만으로 계획한다. 장애인 주차 대수를 최소화시키기 위해서이다. 지상층에 기계식주차 출입구, 대기주차, 버스주정차공간을 확보한다.

5) 건축개요

- 계획 층수: 지하 2층, 지상 17층

- 상품 구성: 지하 1층~지상 4층 판매시설, 지상 5층 공공기여 / 지상 6층~지상 17층 숙박시설
- 계획 용적률: 886.24%(법정 886.4%)
- 계획 높이: 77m(법정 100m 이하)
- 객실 수: 240객실 전후
- 전체 연면적: 16,086㎡
- 판매시설: 도서관 포함 5,309㎡(33%)
- 숙박시설: 10,777㎡(67%)

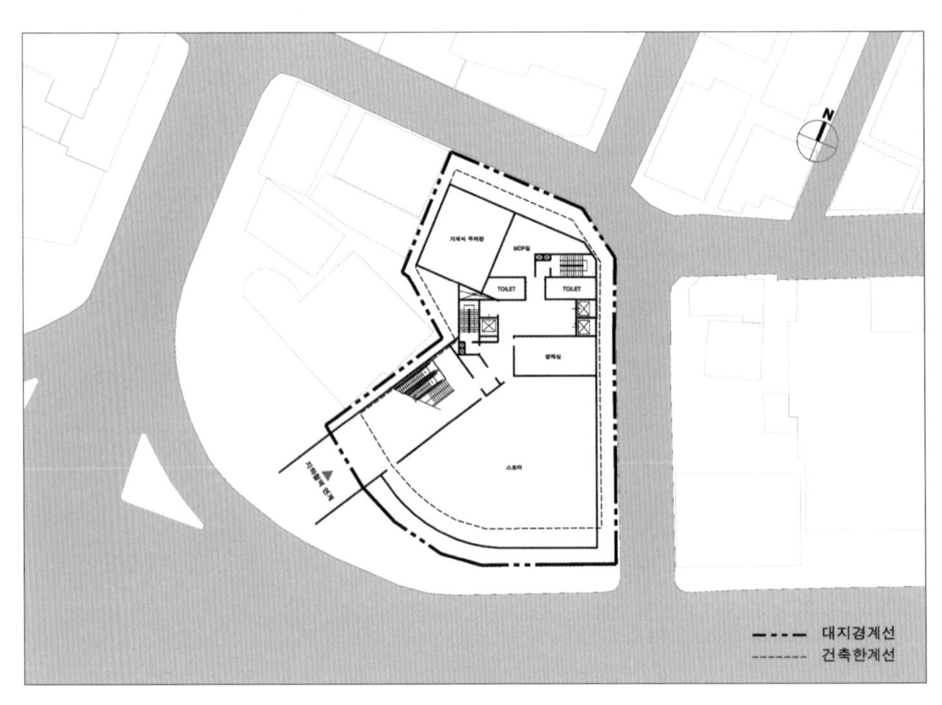

〈지하층〉

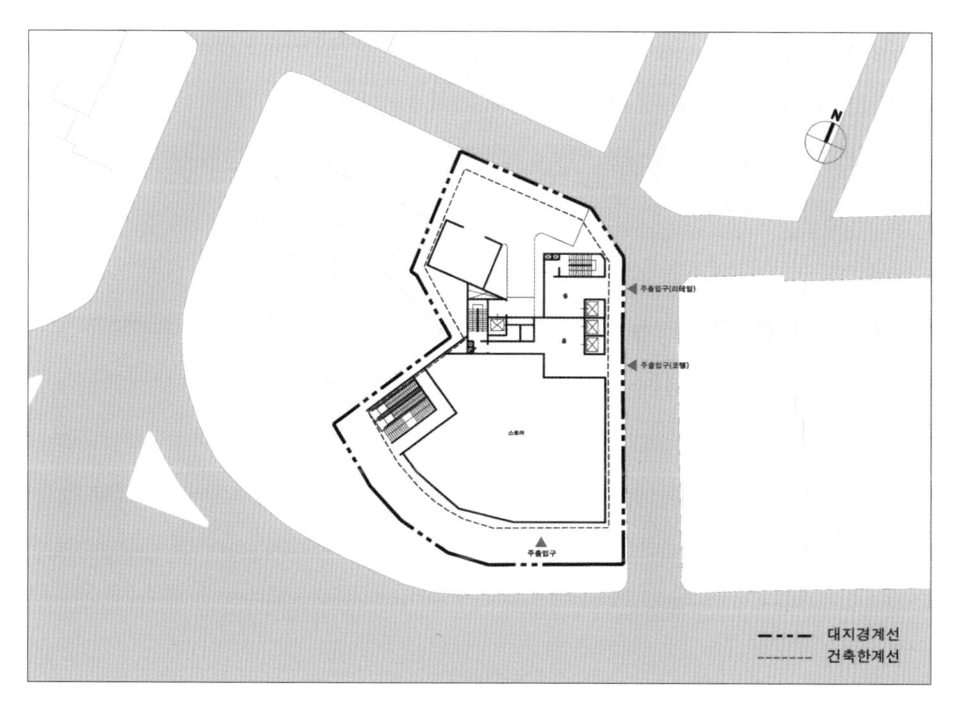

〈1층〉

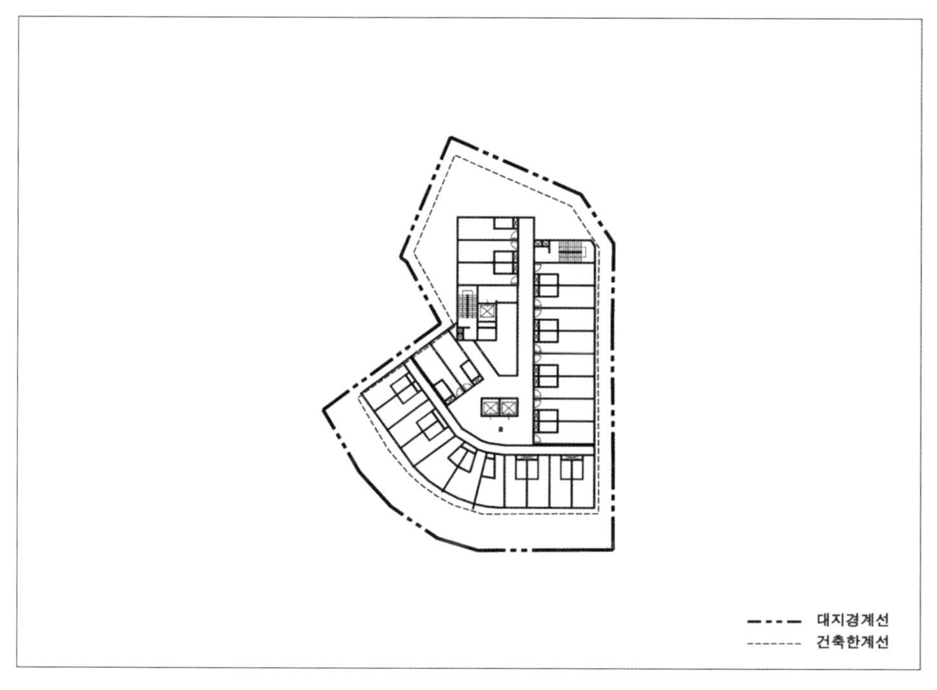

〈기준층〉

CHAPTER 16.

정비사업 시 경미한 변경 정리

1. 도시환경정비사업 단계별 경미한 변경사항 정리

건축법, 도시 및 주거환경정비법 등 각종 법령에서는 건설사업을 하기 위해 절차를 수립하고 있다. 그 안에서 경미한 변경이라는 용어가 많이 언급된다. 사업을 하다 보면 변경이 빈번하게 이루어지며, 이때 경미한 변경과 일반 변경(이하 중대한 변경) 중 어느 것에 해당하는지 파악은 매우 중요하다. 경미한 사항의 변경 시 신고사항이지만 그렇지 않다면 허가사항으로 인허가를 받는 기간 또는 용역비의 투입이 증가하기 때문이다. 그중 도시환경정비사업 시 각 단계별 경미한 변경사항을 정리하였으니 참고하자.

구분	경미한 변경
정비계획	정비구역면적의 10% 미만의 변경
	기반시설의 위치를 변경하는 경우와 정비기반시설 규모의 10% 미만의 변경인 경우
	공동이용시설 설치계획의 변경인 경우
	재난방지에 관한 계획의 변경인 경우
	건축법시행령 별표 1 각 호 내에서 건축물의 주용도의 변경인 경우
	건폐율 또는 용적률을 축소하거나 10% 미만의 범위에서 확대하는 경우
	건축물의 최고높이를 변경하는 경우
	국토계획법에 따른 도 · 시 · 군기본계획, 도 · 시 · 군 관리계획의 변경에 따른 변경인 경우
	교통영향평가 등 관계법령에 의한 심의결과에 따른 변경인 경우
	건축법등 관계법령의 개정으로 인하여 정비계획 변경이 불가피한 경우와 같은 법 4조에 따라 구성된 건축위원회 심의 결과에 따른 건축계획의 변경인 경우
	기타 조례: 정비계획에서 정한 주택건립 세대수를 30% 이내로 증가하는 변경 또는 10% 이내로 축소하는 변경

사업시행인가	건축물이 아닌 부대복리시설의 설치규모를 확대하는 때(위치가 변경되는 경우 제외)
	대지면적을 10%의 범위 안에서 변경하는 때
	세대수 또는 세대당 주택공급면적을 변경하지 아니하고 사업시행인가를 받은 면적의 10%의 범위 내에서
	건축법 시행령 제12조제3항 각 호의 어느 하나에 해당하는 사항을 변경하는 때
	내장재료 또는 외장재료를 변경하는 때
	사업시행인가 조건으로 부과된 사항의 이행에 따라 변경하는 때
	건축물의 설계와 용도별 위치를 변경하지 아니하는 범위 안에서 건축물의 배치 및 도로선형을 변경하는 때
관리처분인가	계산착오, 오기, 누락 등에 따른 조서의 단순 정정인 때(불이익을 받는 자가 없는 경우에 한함)
	사업시행인가의 변경에 따라 관리처분계획을 변경하는 때
	매도청구에 대한 판결에 따라 관리처분계획을 변경하는 때
교통영향평가	교통개선대책의 변경허용 인정 범위 내에서 교통개선대책을 변경하는 경우
	대상사업의 규모를 수립대상사업의 범위 미만으로 축소한 경우
	도시계획도로의 확폭, 도로의 선형 변경 등으로 이미 수립된 교통개선대책이 필요하지 않는 경우
	해당 사업의 심의 내용에서 제시된 교통개선대책이 다른 사업의 시행에 따라 교통개선대책의 내용이 변경된 경우
	변경허용 인정범위는 영 별표 4 기준(완화차로 위치 변경 불가, 보도 위치 변경 불가 등)
건축 재심의 생략 대상	심의 등의 내용에 위반되지 않을 것, 건축면적, 연면적, 층수, 높이가 10분의 1을 넘지 않는 범위 내에서 변경
	건축물의 창호 또는 난간 등의 변경
	공개공지 조경 등 법령에서 확보하도록 한 시설물의 10% 이내로 면적이 증감하는 경우 또는 1m 미만으로 위치를 변경하는 경우
	건축물의 코어 위치를 2m 미만 변경하거나 주요동선 위치를 10m 미만으로 변경하는 경우

CHAPTER 17.

데이터센터(IDC) 기획검토 가이드

현대의 기업은 통신, 정보저장, 회계, 일상적인 업무 등 비즈니스 운영의 거의 모든 측면에서 컴퓨터를 사용한다. 데이터센터는 기업 컴퓨터, 네트워크, 스토리지, 비즈니스 운영을 지원하는 기타 IT 장비 등이 위치하는 중앙집중식 물리적 시설이라고 말할 수 있다. 본 챕터에서는 사업성분석에 필요한 면적, 설계 인허가 기간 등 핵심적인 사항을 혼자서도 빠르게 검토할 수 있게 도움을 드리고자 한다. 가이드 내용은 다수의 데이터센터 사례 분석을 통하여 산출된 통상적인 수렴치이다.

1. 40MW급 IDC 규모(IDC+업무시설)

1) 공통 기준 사항

- 대지면적: 4,000평 수준(데이터센터의 부지 다수가 4,000평 전후에 포진됨)
- 소요(계약) 전력 기준: 40MW 이하
- 공급 전압: 22,900V
- 공급 전압 기준: 한전공급약관 23조3항 계약전력이 40MW 이하의 고객에 대해서는 한전변전소의 공급능력에 여유가 있고 전력계통의 보호협조, 선로구성 및 계량방법에 문제가 없는 경우 22,900V로 공급할 수 있다.
- PUE: 1.45~1.5 수준

2) IT(데이터센터동)

- Rack당 소요 전력: 10KW
- 총 Rack 수량: 2,560Rack 내외
- 용적률: 170% 이내 수준

기준층(80m×50m)	소요면적(m²)	Ratio(%)	배치(층별)	층고(m)
Racks Room	1,200	30	지상2~6층(5개층)	6
항온항습실(공조)	900	22	상동	상동
UPS/Battery	1,000	25	상동	상동
소화약제(Gas)	116	3	상동	상동

코어/공용	791	20	상동	상동
합계	4,007	100		

부대시설	소요면적(m^2)	Ratio(%)	배치(층별)	층고(m)
전기실	1,800	23	지상1층, 지하1층	9+9
MDF(광단실)	200	2.5	지상1층(지하1층)	상동
비상발전기실	2,270	29	지상1층, 지하1층	상동
기계실	1,830	23.5	지하1층	상동
소화약제(Gas)	190	2.5	지상1층, 지하1층	상동
코어/공용	1,500	19.5	지상1층, 지하1층	상동
합계	7,790	100		

3) 업무지원시설동

- 업무지원시설의 면적배분 기준: 용적률 70~80% 수준의 지상연면적(업무시설 특화 시)
  - IT동과의 합산 용적률은 250% 정도가 통상수준으로 검토됨
  - 공급전압 22.9KV 이내의 데이터센터 건축 시 해당지역(준주거 or 준공업지역)의 법정용적률인 400%(통상)를 모두 채우지는 못함
  - PUE를 낮추어 Rack을 늘리고 지원시설 규모를 줄일 수 있음

부대시설	소요면적(m^2)	Ratio(%)	배치(층별)	층고(m)	비고
로비(접견), 상황실(교육), 하역 등	4,500	38	지상1~2층	5+4.5	지원시설동 배치 및 면적 가변
업무시설(층전용 65%)	1,850×3=5,550	47	지상3~5층	4.5	
편의시설(식당, Fitn.)	1,850	15	지상6층	5.0	
주차장	법정대수 면적+	-	지하1~2층	5.2+4.3	
합계	11,900	100			

2. 100MW급 IDC 규모(100% IDC)

1) 공통 기준 사항

- 대지면적: 5,000평 수준(데이터센터의 부지 다수가 5,000평 전후 포진됨)
- 소요(계약) 전력 기준: 100MW~120MW
- 공급 전압: 154,000V
- 공급 전압 기준: 한전공급약관 23조3항 계약전력이 40MW 이하의 고객에 대해서는 한전변전소의 공급능력에 여유가 있고 전력계통의 보호협조, 선로구성 및 계량방법에 문제가 없는 경우 22,900V로 공급할 수 있다.
- PUE: 1.45~1.5 수준

2) IT(데이터센터동)

- Rack당 소요 전력: 10KW
- 총 Rack 수량: 8,400Rack 내외
- 용적률: 350~360% 수준

기준층(80m×50m)	소요면적(m²)	Ratio(%)	배치(층별)	층고(m)
Racks Room	4,200	42	지상2~6층(5개층)	6
항온항습실	1,200	12	상동	상동
UPS/Battery	1,700	17	상동	상동
코어/공용	3,000	29	상동	상동
합계	10,100	100		

부대시설	소요면적(m²)	Ratio(%)	배치(층별)	층고(m)
전기실	5,650	25	지하3층, 지하4층	9
154KV 변전실	2,700	12	지하3층	상동
비상발전기실	6,600	29	지상1층, 지하3층	상동
기계실	3,550	16	지하4층	상동
소화약제(Gas)	750	3.5	지하4층	상동
코어/공용	3,300	14.5	지상1층, 지하3~4층	상동
합계	22,600	100		

3) 업무지원시설동

- 업무지원시설의 면적배분 기준: 용적률 40~50% 수준의 지상연면적
  - IT동과의 합산 용적률이 380~400%정도가 통상수준으로 검토됨
  - 공급전압 154KV 이내의 데이터센터 건축 시 해당지역(준주거 or 준공업지역)의 법정 용적률인 400%(통상)를 달성 가능
  - 주차장은 법정대비 120~140% 적용(가변 가능 사업부서에서 사업연면적 확보를 위한 주차면적 반영)

부대시설	소요면적(m²)	Ratio(%)	배치(층별)	층고(m)
로비(접견), 상황실(교육), 하역 등	4,800	100	지상1층(주), 지하1층	5+4.5
주차장	법정대수 면적+	-	지하1층~지하3층	5.2+4.3
합계	4,800	100		

3. 인허가 기간

1) 건축물

- 계획도서 작성(3개월) → 건축 및 교통 심의(3개월) → 건축허가 도서작성(1.5개월) → 건축허가 접수 및 완료(1.5개월) → 구조/굴토심의(1.5개월): Total 10.5~11개월

상기 주요절차 수행 중에 지하안전영향평가, 에너지사용계획심의 등 허가 전에 수행해야 할 각종 평가 및 검토는 병행하는 기준이다.

2) 154KV

전력공급을 위하여 변전소로부터 Site까지 고객전용 선로구축에 필요한 기간으로 초기 건축물 설계 시부터 한전과 협의하여 송전선로 설계 및 인허가를 동시에 진행하는 것이 좋다. 주요 인허가 사항으로는 도로, 공지, 하천, 공원, 국유지등 선로 경과지에 대한 점용(굴착) 허가와 154KV 이상 선로 구축 시 도시계획시설 결정 여부를 확인하여 실시계획인가가 있다. 한전협의부터 시작하여 인허가 완료까지 대략 10~11개월 정도 소요된다.

현 디벨로퍼가
말하는

기획설계 노하우

초판 1쇄 발행 2018년 5월 18일
개정 1판 발행 2019년 11월 5일
개정 2판 발행 2023년 3월 30일

지은이 이해운
펴낸이 이기봉
편집 좋은땅 편집팀
펴낸곳 도서출판 좋은땅
주소 서울특별시 마포구 양화로12길 26 지월드빌딩 (서교동 395-7)
전화 02)374-8616~7
팩스 02)374-8614
이메일 gworldbook@naver.com
홈페이지 www.g-world.co.kr

ISBN 979-11-388-1722-6 (13540)